国家自然科学基金资助（项目批准号：51008004）

陈捷　张昕　著

# 画说乔家大院

The Qiao's Grand Courtyard
In Illustration

山西出版传媒集团
山西经济出版社

**图书在版编目（CIP）数据**

画说乔家大院/陈捷，张昕著 . —太原：山西经济出版社，2013 . 10（2019.9重印）

ISBN 978-7-80767-715-4

Ⅰ . ① 画… Ⅱ . ① 陈… ② 张… Ⅲ . ① 民居 - 建筑艺术 - 祁县 - 图解 Ⅳ . ① TU241.5-64

中国版本图书馆 CIP 数据核字（2013）第 237241 号

---

## 画说乔家大院

| | |
|---|---|
| 著　　者：| 陈　捷　张　昕 |
| 责任编辑：| 董利斌 |
| 助理责编：| 郭正卿 |
| 复　　审：| 张　蕾 |
| 终　　审：| 郝建军 |
| 3D 制 作：| 郭韶娟 |
| 版式设计：| 冀小利 |
| 装帧设计：| 赵　浅 |
| 责任印刷：| 李　健 |

| | |
|---|---|
| 出 版 者：| 山西出版传媒集团·山西经济出版社 |
| 地　　址：| 太原市建设南路 21 号 |
| 邮　　编：| 030012 |
| 电　　话：| 0351-4922133（发行中心） |
| | 0351-4922085（综合办） |
| E－mail：| sxjjfx@163.com |
| | jingjshb@sxskcb.com |
| 网　　址：| www.sxjjcb.com |
| 承 印 者：| 保定市正大印刷有限公司 |

| | |
|---|---|
| 开　　本：| 787mm×1092mm　　　1/16 |
| 印　　张：| 13.25 |
| 字　　数：| 146 千字 |
| 版　　次：| 2013 年 11 月第 1 版 |
| 印　　次：| 2019 年 9 月 第 4 次印刷 |
| 书　　号：| ISBN 978-7-80767-715-4 |
| 总　　价：| 38.00 元 |

# 概述

  乔家大院是中国北方民居的代表,也是最早被列为国家级重点文物保护单位的晋商大院。乔氏家族自清代中期以来,在以乔致庸为代表的历代菁英执掌下,纵横商海百余年,造就了汇通天下、富可敌国的商业奇迹。作为其精神世界与物质生活双重载体的大院建筑,也随之充满了浓郁的商业气息。在辉煌的大院中,处处体现出山西商人的铺张、豪放、精明与时尚。

  《画说乔家大院》从整体构思上秉持专业水准、大众视角的理念,在叙述方法上兼顾知性与感性。图书以专业的观点和手法多角度、多层次剖析了大院建筑中蕴含的历史信息与文化积淀,以通俗易懂的方式展现给读者。

  就内容选取而言,《画说乔家大院》着意从物质与非物质两个方面解析乔家大院这一重要文化遗产的独特价值。其中大院特有的风水格局与营造禁忌、堆金积玉的彩画艺术、超越王侯的建筑规制、标新立异的江南风韵等均独树一帜,在同类出版物中尚属首见。同时,对于乔氏家族的宅院营建与兴衰历程,以及大院的建筑装饰、习俗信仰、起居轶闻等考释也颇有新颖可观之处。此外，书中还特别设置了"扩展阅读"栏目，通过剖析各类与正文密切相关的趣闻轶事、历史掌故，进一步开阔了读者的视野。

就图像表达而言，《画说乔家大院》突出"画说"特征，除大量精美的实物图片外，还引入了一批极富趣味性的彩色复原图、三维剖切图和平面分析图，辅以精练的文字，把难得一见的建筑细节直观展现，将艰涩难明的深奥理论表述明晰，使历经岁月侵蚀的华丽装饰焕发新生，为读者提供了更加绚丽多彩、轻松愉悦的阅读感受。

# 目录

# 千年古邑
# 金祁县

　　乔家大院的特色与其所处的自然和人文环境密不可分。首先，祁县山灵水秀、物阜人丰，实为人间胜境。其次，当地文化底蕴深厚，先贤忠善的榜样至今仍然发挥着无以替代的作用。再次，县境历来商业繁盛，晋商纵横四海的经历也造就了大院独有的形象。那么，这片承载着乔家大院的热土究竟有何过人之处？接下来就让我们一起探个究竟。

# 沧海桑田成通衢

世有所谓沧海桑田之说，意即物事变化，循环往复。沧海桑田语出东晋葛洪《神仙传·王远》，麻姑与另一位神仙王远（字方平）的对话："麻姑自说云：'接侍以来，已见东海三为桑田。向到蓬莱，水又浅于往昔，会时略半也，岂将复还为陵陆乎？'方平笑曰：'圣人皆言，海中行复扬尘也。'"仙家之语神秘莫测，但沧海复为桑田确是真真切切的事实。乔家大院所在的祁县，就是一个经历了沧海桑田的神奇地方。

据《周礼》与《尔雅》记载，先秦时期，今太原盆地南向的广大地区曾是一片水域，荒烟蔓草间人迹罕至，被称为昭余祁泽薮（sǒu）。泽薮之意，就是大面积的水域。在随后的岁月中，这片广大的水域伴随着自然与社会条件的变化，面积自北向南日渐缩小，最终在元明之际彻底干涸。陆进水退之间，人类逐渐占据了此片地域，其地也自水域得名为祁。

◎图1-1 祁县自战国至元代的环境变迁

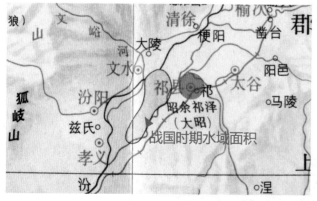
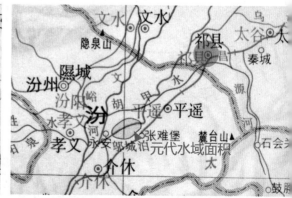

至此，祁县一带经历了沧海桑田一般的变化，终于显露出了现今的模样。

春秋时期，此地为晋国属地，且为著名的晋大夫祁奚之封地。后其孙祁盈获罪被杀，祁地一分为七，其中一部分即为现在的祁县地区。三家分晋后，此地归赵国所有。西汉时，始置祁县，其县治就在今祁县县城东南。北魏时期，开始兴建县城，位置至今未改。直到中华人民共和国成立，祁县之名依旧沿用，可谓绵延千年。拥有如此悠远的历史文化背景，难怪祁县早在1994年就被列为国家历史文化名城。

祁县地处晋中平原中部，自古就是通衢要地。县境西邻汾河，旧时有两条驿路通过。一条为贾令驿，是京陕官道的一部分，等同于如今的国道，是秦陇等地北上太原、北京的必经之路。贾令镇在县城北十五里，如今镇内镇河楼上还悬挂有"川陕通衢"之匾。1900年八国联军入侵，慈禧太后与光绪帝仓皇西奔之时，还曾取道于此，留宿一晚。另一条盘陀驿，是由晋中通往晋东南的孔道。在相当长的时间里，这两个驿站在山西都是数一数二地繁忙。如明代贾令驿仅驿马就有80匹，盘陀驿也有50匹，实属规模庞

扩展阅读：

**贾令镇河楼**

贾令镇河楼位于贾令镇贾令村，建在村中五里长街的南端，被称为"昭余胜景"。据清刘发纲《祁县志》记载，镇河楼始建于明天顺年间，明、清屡有修葺。建筑坐北朝南，为二层楼阁式，面阔三间，进深四椽，重檐歇山顶。台基为砖砌，明间设砖券门洞，南北贯通。楼阁外观雄浑大气，结构精细，装饰繁密，是可与平遥市楼一较高下的建筑艺术精品。

图1-2 贾令镇河楼

大。直至近代同蒲铁路修通，两座驿站才逐渐失去了往日的辉煌。

县城东南的子洪口是晋中通往晋南的咽喉要道，乃历代兵家必争之地。此口距县城16公里，口宽仅500米，中有昌源河顺沟流过。两侧东有板山、西有白狮岭，双峰对峙，海拔均在1100米以上，形成了天然关隘。同时，沿子洪口南行，沿途的盘陀口、来远镇、北关镇均是地形险要的重要隘口（图1-3）。自五代至解放战争，祁县载于史书的战事基本都围绕子洪口周边展开。如清康基田《晋乘蒐（sōu）略》载宋太宗平定北汉割据政权时，首战攻克的就是金锁关，即今北关镇。1938年日军入侵祁县时，国共两军合力抗敌，在子洪口进行了历时十余天的阻击战，歼敌近千人，成功阻止了敌人南下。

◎图1-3 清光绪《祁县志》载祁县全图

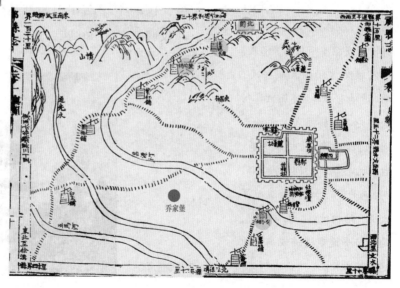

# 不隐亲仇鲠大夫

如前所述，祁县在春秋时期为晋国领地。晋景公时，将此地封与同宗的大夫姬奚。姬奚便以封地为姓，始称"祁奚"。这就是中华祁氏的来源，而祁县也因此被广大祁姓同胞视为祖脉所在。祁奚在历史上是一位声名卓著的人物。其人本为晋献侯后裔，在晋国为官数十年，历经景、厉、悼、平四朝。虽然因时局所限，作为亲族的祁奚受外姓卿大夫压制，在政治上未能有很大作为，但其以"外举不避仇、内举不避亲"公而无私的个人品质，至今仍被奉为以国家利益为重、不计个人恩怨的楷模，为后人留下了极其宝贵的精神财富。

关于祁奚（字黄羊）的作为，史籍中有两种说法，但出入不大，仅在于被举荐人的职位而已。其一见载于秦吕不韦之《吕氏春秋》，文曰："晋平公问于祁黄羊曰：'南阳无令，其谁可而为之？'祁黄羊对曰：'解狐可。'平公曰：'解狐非子之仇邪？'对曰：'君问可，非问臣之仇也。'平公曰：'善。'遂用之。国人称善焉。居有间，平公又问祁黄羊曰：'国无尉，其谁可而为之？'对曰：'午可。'平公曰：'午非子之子邪？'对曰：'君问可，非问臣之子也。'平公曰：'善。'又遂用之。国人称善焉。孔子闻之，曰：'善哉，祁黄羊之论也！外举不避仇，内举不避子，祁黄羊可谓公矣。'"其二见载于春秋左丘明之《左传》，文曰："祁奚请老，晋侯问嗣焉。称解狐，其仇也。将立之而卒。又问焉。对曰：'午也可。'……于是使祁午为中军尉……"

综合上述记载可知，祁奚时任中军尉。晋国的军队分为上中下三军，中军一般为国君的嫡系部队，中军尉大致相当

扩展阅读：

**同样大公无私的解狐**

祁奚和解狐是仇家，至于结仇之缘由，有种说法是解狐乃祁奚的杀父仇人。然而，解狐同样做出过举荐仇人、公而忘私的大义之举，亦是一位难得的贤人。据战国韩非《韩非子·外储说左下》载："解狐荐其仇于简主以为相。其仇以为且幸释己也，乃因往拜谢。狐乃引弓迎而射之，曰：'夫荐汝，公也，以汝能当之也；夫仇汝，吾私怨也，不以私怨汝之故拥（即埋没）汝于吾君。故私怨不入公门'"。

于后来的禁军司令。祁奚担任此职，其地位亦可见一斑。故事就发生在这样的背景下。随着岁月流逝，祁奚日渐老去，于是去向晋侯请辞，晋侯即向其询问接替的人选。祁奚首先举荐了解狐这位他昔日的仇人，但解狐未及接任就已故去。晋侯再次征求继任人选，祁奚又推荐了自己的儿子祁午。晋侯对他两次推荐的人选都非常惊奇，但最后在祁奚坦荡无私的解释下心悦诚服，欣然接受。由此，也引发了孔子的慨叹。祁奚外举不避仇、内举不避亲的美名自此流传千古，名垂青史。时至今日，在祁县城内还留有供奉祁奚的祠堂，体现出普通民众对其高风亮节的景仰。

祁县以水得其名，以人得其灵。在历史长河中，祁县名人可谓众星璀璨，冠绝三晋。东汉末期，设计诛杀逆贼董卓的司徒王允之故里就在今祁县修善村。南北朝时的名将王玄谟、王僧辩均为邑人。唐代著名文学家王勃、王维、温庭筠亦源出于此。至于乔致庸、渠本翘（图1-4）这些耳熟能详的晋商代表，自更不必赘述了。

◎图1-4 渠本翘像

# 金满城　银满城

从明初到清末，晋商在商界活跃了五个多世纪。祁县商帮是晋商的主力军之一，其开设的商铺遍布全国各大商埠，甚至远至俄罗斯的莫斯科、西伯利亚，日本的东京、大阪、神户，朝鲜的平壤、仁川，韩国首尔以及东南亚各地，祁县商人也由此积累了巨额的财富（图1-5）。长期流传于晋中地区的"金祁县、银太谷"之说，就是对祁县富裕程度的最佳写照。清咸丰三年（1853），广西道监察御史章嗣衡的奏章中提到，"祁县百万之家以数十计"。祁县城内的张、翟、何诸姓都是富甲一方的巨贾，至于乔、渠两家，就更是富可敌国的豪商了。

商业活动获利丰厚，民众自然趋之若鹜。到清代中叶后，重贸易、轻仕进的现象在祁县一带已经相当普遍。不光一般子弟以投身商号为最佳出路，甚至一些已考取功名之士也掉头投身商海。到光绪年间，甚至出现了科举考试连额定童生人数都凑不够的尴尬局面。时至今日，祁县本地还流传着不少表达重商轻儒态度的民谚，如"秀才进字号——改邪归正"，"家有万两银，不如茶庄上有个人"，"生子有才可经商，不羡七品空堂皇"等。据统计，在清末民国初全县的2.8万户居民中，60%以上的家庭有过经商史。鼎盛时期，仅祁县当地的商铺数量就达1100多间，真可谓黄金遍地、白银满城，"金祁县"果然是名不虚传。

祁县商帮遍布世界各地，按区域分，大致可以分为旅蒙商、东北帮、湖广川桂帮三大类。然而，对于乔家、渠家这样的豪商而言，则基本囊括了三类区域。旅蒙商，指的是至

◎图1-5 旅日、旅蒙晋商广告

口外贸易的商人群体。自明代末年开始，祁县人就通过东西两口（东口张家口、西口杀虎口），前往蒙古族居住区进行贩运贸易。旅蒙商一般以张家口、包头、归化（今呼和浩特）为基地，以库伦（今蒙古国乌兰巴托）、买卖城（今蒙古国阿勒坦布拉格）等地为交易中心，在东至伊尔库茨克、西至莫斯科的广大地域建立起覆盖整个欧亚大陆的商贸网络，是晋商锐意进取、百折不挠的杰出代表。旅蒙商帮中最出色的主要有乔家的复字号、大盛魁、兴盛魁等。乔家复字号缔造了"先有复字号，后有包头城"的经营神话。大盛魁同样十分了得，鼎盛时职工达到六七千人，骆驼商队有骆驼两万余峰，周转资本仅外蒙古地区就达白银1000万两以上。民间传说，大盛魁的资产如果都做成50两一个的银元宝，可以自库伦铺到北

◎图1-6 祁县老街

◎图1-7 祁县大德恒总号旧址

扩展阅读：

### 让雍正皇帝头疼的
### 山西商人

自明代晋商兴起后，晋中民风日渐重利轻儒，这让以儒学为正统的统治阶层颇为不满。《世宗宪皇帝朱批谕旨·朱批刘于义奏折》就记载了一段当年雍正皇帝与山西学政刘于义的牢骚对话，从侧面说明了当时山西地区商业活动的繁盛。雍正二年五月刘于义上奏曰："山右积习，重利之念甚于重名。子弟俊秀者多入贸易一途，其次宁为胥吏，至中材以下方使之读书应试，以故士风卑靡。"雍正朱批道："山右大约商贾居首，其次者犹肯力农，再次者谋入营伍，最下者方令读书，朕所悉知，习俗殊属可笑！"相对刘于义，雍正显得更加愤愤不平。读其文如谋其面，令人不禁莞尔。

京城。此说虽未可当真，但其资产之雄厚可见一斑。东北帮指的是在北京及其以东地区，至山海关外贸易的祁县商帮。祁县商人同样自明末就开始在关外贸易。到清代中后期，北京城内的大部分米粮店均为祁县人所经营。乔家保元堂自清咸丰年间便于沈阳开设大德隆商号，分支遍布东三省。朝鲜族人喜穿夏布衣饰，而夏布产于四川，东北商帮就专门长途贩运图利。湖广川桂帮则以茶叶、丝绸、药材等为主业，亦是祁县商帮中重要的一支。乔、渠各家在这些地区也均有大量的分支机构。

现今修复后开放的乔、渠、曹、王晋商四大院中，祁县独占其二，再次印证了金祁县的称号。昔日祁县商人的财富虽已烟消云散，但祁县境内的各类建筑依旧为我们讲述着他们当年叱咤风云的故事。县城中整条东西大街商铺林立、古风依旧，完全可以与平遥古城一较高下。其中乔家当年最重要的大德恒、大德通票号依旧伫立，长裕川茶庄那独树一帜、中西合璧的建筑风格更令人留连忘返（图1-8）。何家、罗家、贾家、许家、范家，座座豪富宅邸则安卧于小巷之内，静静期待着游人的光临。

◎图1-8 长裕川茶庄石雕

# 在中致远
# 百岁荣光

　　清乾隆年间，一个健硕的小伙子，一步一个脚印走出了乔家堡，向着茫茫草原而去。很多年过去了，一座座大院在乔家堡拔地而起，一个个商战英豪在这里运筹帷幄、决胜千里。乔贵发、在中堂、亮财主、成义子，一桩桩一件件，昔人虽已不及追，旧事依稀堪可忆。物是人非，百年梦回，就让我们随着乔家先贤的脚步，去追寻那商业帝国昔日的光辉岁月。

# 贵发公肇始基业
# 俭营建未雨绸缪

　　朔风，飘雪。塞外苦寒之地的包头城外，被冻得如石块般坚硬的千古驼道上，一家孤零零的小店伫立在道边。店门口那翻卷升腾的蓝布招幌隐约显出几个大字：茶水方便、草料俱全。原来是一座乡间野店。

　　老人，瘦马。背负重物的牲口与衣衫零落的旅人蹒跚而行，不远处的小店成了世界上最温暖的去处。

　　嘘寒，问暖。不以外貌衣饰取人，不以钱财多寡论事，乔掌柜的热情宛如一团烈火，融化了漫天风雪。旭日东升，客去屋不空，一个鼓囊囊的口袋永远留在了这里。

　　累月，经年。神秘的老人如天边黄鹤，踪影皆无。三年后的一天，当乔掌柜再也忍不住好奇心将口袋打开时，眩目的光芒照亮了面庞。

　　黄金，白银。财神爷送来的本钱不能贪，财神爷的股份不能少。利滚利财生财，乔家的字号开起来。先有复盛公，后有包头城，千古绝唱就此开场。

## 怒走西口艰辛创业

　　前面讲述了一个财神赐福送黄金的发家故事。其实不止乔家堡本地，在整个晋中地区，此类因财神送宝而发家致富的故事都广泛存在于各大富商的发家史中。实际上，这里反映了生死有命、富贵在天的宿命论思想，同时也是传统乡民田园式的美好幻想与愿望。

在真实的历史中，在中堂的直系先祖只能追溯到生活在清康乾年间的普通农人乔壮威。其人只是乔家堡中的一介贫民，不光生活拮据，而且家族人丁不旺，直到中年才有一子，即开创乔家百年基业的乔贵发。

乔贵发可谓生来不幸，年仅七岁时父亲就撒手人寰，十岁时母亲又离开人世。贵发成了无依无靠的孤儿，为了生存，只好投奔到距离乔家堡十里之外东观镇上的外祖母家中。但小贵发既无浮财随身，又无良田产业，父母留下的破陋旧房只能勉强遮风避雨，寄人篱下的艰辛可想而知。小贵发平日里跟着外祖父和舅舅推磨做豆腐，虽说劳苦，却也因祸得福，在练就一副强健体魄的同时，也学会了全套的豆腐制作技艺，给日后的创业打下了基础。

岁月流转，转眼乔贵发已经15岁了，于是回到乔家堡旧宅居住，从此自立门户、艰苦度日。贵发聪明机灵又忠厚诚恳，在村里颇受老少欢迎，日常游走各家，帮人打打短工。或遇红白喜事、建房起基，贵发也赶去凑个热闹。虽能勉强糊口，但想发家致富自不可能，就算是娶妻生子也是遥不可及。日子如流水般过去，转眼乔贵发已经年届二十，却依旧过着这样没着没落的光棍生活。眼看同龄人成家立业，这其中的凄苦，唯有自己明了。

某日村中乔氏本家有个子侄结婚，乔贵发又被邀去帮工。正午时分鞭炮齐鸣、锣鼓喧天，新人进门拜堂行礼。此时正在满头大汗忙着帮厨拉风箱的乔贵发连忙收拾整齐，走出厨房，等待和新人见礼。谁知新人竟擦身而过、视而不见，人群中一句如尖刀般锋利、令人痛彻心扉的话语倒是飘入了耳中："这样的人还给他行啥礼？失身份咧！"乔贵发闻听此言

◎图2-1 商路上的骆驼驭手

扩展阅读:

## 山西旅蒙商

在清代的两篇笔记类文献中,生动记录了清代山西旅蒙商的发展盛况,其中自然也少不了祁县乡民的努力。清陈簶(lù)《蒙事随笔》有:"库伦西帮商号,始于康熙年间……西库、东营两区,统计山西商人一千六百三十四人……西帮商人之专为大宗批发营业者,其行栈均麇集于东营买卖城。"清松筠《绥服记略》则有:"所有恰克图贸易商民,皆晋省人。由张家口贩运烟茶缎布杂货,俞往易换各色皮张毯片等物。初立时,商民俗尚勤俭,故多获利。"

顿时羞愤难当,一张脸红得猪肝亚似。话到嘴边,转念一想,毕竟是亲戚婚礼,不便发作,只好强忍怒气走到一边继续帮厨。新人见礼完毕,一干亲友入座开席。乔贵发作为新人长辈,理所应当居上座,没料想居然被婚宴总管安排到最末一桌,和其他外姓杂工并列。前有行礼之辱,后受坐席之羞,乔贵发此时顿觉血贯瞳仁、天旋地转,但为了顾及本家颜面,最后还是打落牙齿肚里吞。这一天对乔贵发来讲,可真是食不甘味、度日如年。

傍晚时分,拖着疲惫的身躯,怀着满腔的怒火,乔贵发一步步走回家中。望着空荡荡的破屋,他不禁潸然泪下。世态炎凉,路在何方?反复思量,突然想到了日前在村中听到的一则传闻——走口外,能致富。我堂堂七尺男儿何甘受此羞辱?古人云:王侯将相宁有种乎!何不拼死一搏,去打出一番天地,也好告慰父母,衣锦还乡。从此之后,乔家堡少了一个叫乔贵发的年轻人,那千里蒙疆的商路上则多了一名骆驼驭手(图2-1)。正所谓"世上三般没奈何,赶车、下夜、拉骆驼"。能吃得这般苦中苦,光明的未来还会远吗?

# 苦尽甘来荣归故乡

艰辛的日子只要快乐，也会过得飞快。风吹日晒间不经意已是数年，塞外朔风的磨砺让乔贵发从一个负气出走的毛头小伙变成了见多识广的生意能手。眼看岁数日渐增长，这苦力活儿已不适合再干，做一番大事业的雄心壮志更不允许他在此蹉跎一生。乔贵发终于带着自己历年的积蓄离开商队，辗转来到了无数次经过的萨拉齐厅（今属内蒙古自治区包头市土默特右旗）。萨拉齐厅是清代设立、属山西管辖的归绥六厅之一，位于归化城（今呼和浩特）西约100公里处，是一处土地肥沃、风调雨顺的宝地（图2-2）。更为重要的是，此处允许汉人垦荒。汉蒙之间发生争端时，官府也多能秉公执法。因此，这里的人口在乾隆年间已日渐稠密。加之此地处

◎图2-2 清代晋商走西口路线

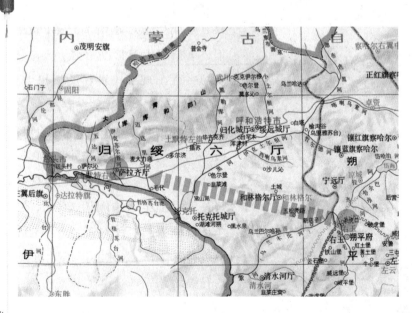

在归化城至内蒙古西部的交通要道之上，商贸也随着人口的增加而日趋繁荣。整体看来，这确实是一处开山立基的福地。乔贵发看到此处晋中同乡众多，但缺乏家乡口味的菜肴，就发挥特长，做起了豆腐。几年下来，可谓顺风顺水，着实是颇有积蓄。欣慰之余，乔贵发却渐生踌躇。不为别的，只是这豆腐生意日渐艰难。按现今的流行说法就是准入门槛低，缺乏技术含量。只要是个人，学学就能干，自然难逃恶性竞争的结局。

那么出路何在？兼并重组，转型升级！此时的乔贵发碰到了一个合伙人，此人姓秦，来自与祁县毗邻的徐沟县（今清徐县徐沟镇），也算是半个老乡。二人一见如故，很快决定合伙经营。商量之下，准备放弃此处生意，前往萨拉齐厅最西边的西脑包开设新店。西脑包是通往蒙疆商路昆都仑沟的必经之处，旅蒙商队前往蒙古西部均须由此经过。两人来到西脑包后，以很低的价格从蒙古牧民手中买下一片土地，自种自收，开起了旅蒙商必不可少的草料铺，同时兼营食品、蔬菜、豆腐生意。正所谓兄弟同心，其利断金，在两人的经营下，草料铺生意日渐兴隆，逐渐积累了一些资本。恰逢此时，萨拉齐厅出现了一种新的投机生意，叫做买树梢，也称买青苗。所谓买树梢，就是在春夏之际约定收购价格，秋季按价收粮，实际上是一种比较原始的粮食期货交易。这种买卖需要极强的市场预测能力与雄厚的资金，成则一夜暴富，败则一贫如洗。乔、秦二人投入此种交易后，亦是盈亏不定，期间还曾一度亏损至濒临倒闭。然而，在二人的精心操持之下，生意还是日渐兴隆。到乾隆二十年（1755）时，他们通过一次黄豆投机，获取了巨额利润。借此机会，二人再次开始了经营转型的升级之路。

扩展阅读：

### 西脑包的故事

西脑包其实是个讹化的地名，原名为西敖包。敖包为蒙语，意为石堆，是蒙古族用来祭神的一种人工堆积物。西脑包位于萨拉齐厅西部边缘的交通要道上，自清初的一个小居民点很快发展成包头村，嘉庆年间演变为包头镇，至清末则形成包头城。1923年平绥铁路通车后，更全面带动了城市的发展，包头城俨然已是塞外重镇。

伴随着包头城的发展，当时的西脑包已处在城市外围，商业中心转向了现今包头市东河区一带（图2-3）。乔、秦二人审时度势，决定把买卖迁到商业繁华地段——东前街（今解放路）。此时二人已颇有资本，于是租借铺面开设了一家兼做货栈、客栈及经济中介生意的商铺，取名广盛公。数年之后，此处得利丰厚。二人再次扩大规模，在今东门大街路北购置地皮数亩，大兴土木建设新店。当时的广盛公已是今非昔比，营业内容无所不包，上至绸缎布匹，下到米粮杂货，主要以当地多见的油、酒、米、面为主，同时也兼做各类借贷、投机生意。二位掌柜俨然已是包头城里的巨贾豪商之一。

◎图2-3 民国包头城内复字号分布图

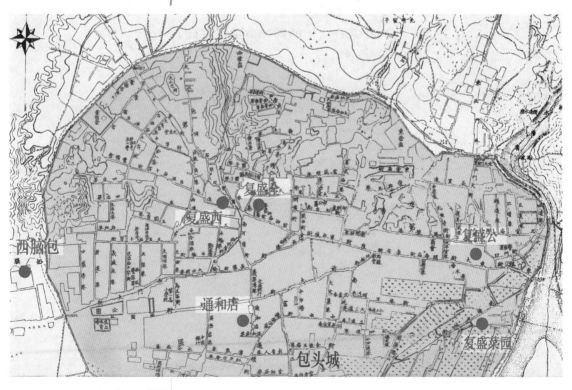

　　乔、秦二人此时皆人到中年，广盛公的日常业务已交付外聘掌柜经营。就这样，两人便成了名利双收、坐享其成的财东。作为三个儿子的父亲，离家奔忙数十年的穷苦小子乔贵发终于可以荣归故里了！为子孙长远考虑，同时也为彰显其半生辛劳的成就，乔贵发按惯例理应大兴土木。但出人意料的是，乔大财东只是在老宅地基上盖了一个普通四合院供自己和家人使用。正所谓"得了富贵不还乡，如穿锦衣夜里行"，这个举动着实让很多村民、族人大惑不解。这乔财东都荣归故乡了，居然还如此寒酸吝啬，所为何故？其实，这恰恰是乔贵发眼光长远之处。他深知商业经营风险巨大、盈亏不定，于是决定放弃大规模的修建计划，省下上万两白银，给未来留下足够的应急资本。恰恰是这看似抠门的举动，在不远的一场金融风暴中挽救了广盛公，也挽救了乔家，并直接为乔家百余年的辉煌奠定了基础。

# 全字辈三分家业
# 在中堂自立门户

扩展阅读:

**乔氏德星堂、宁守堂概况**

自清代中期起,晋中一带稍有实力的家庭都有自己的堂号。乔氏三分家业后,三堂之境遇各不相同。长子全德之德星堂自分家后就人丁不旺,至重孙辈就需过继宁守堂的后人以维持香火,其所为也乏善可陈。二子全义之宁守堂则大不相同,尤其是其子致远之保元堂颇为兴盛,是可与在中堂比肩的一支。民间"保元堂出人,在中堂出钱"的俗谚,说的就是保元堂一心仕进之事。保元堂不愧为人才济济,百余年间陆续有父子、叔侄、爷孙、兄弟、舅侄一同金榜题名的佳话。

史家论及乔氏全字辈时,向来着墨不多。盖因其执掌门户期间,无论营建还是商业,并无多少惊天动地的举措。但正是这种兢兢业业的低调作风,在接下来的几十年中,为乔家登上辉煌的顶点奠定了坚实的基础。昔年文景之治,方有汉武挥鞭扫漠北;今日全子执家,换得乔氏贸易遍神州。

## 乔全美创建筒楼院

乔贵发一生娶妻两房,分别为程氏和李氏。膝下有三子,长子全德、次子全义、三子全美。乡间有个传闻,说程氏嫁与乔贵发前曾为孀妇,且携有一子;而这个儿子,就是长子全德。至于此闻真实与否,早已无从考证。到乔贵发过世后,三子便分门自立。全德一支堂号"德星堂",取意长发其祥,唯有德者居之。全义一支堂号"宁守堂",取意宁静以致远。全美一支堂号"在中堂",取意不偏不倚,执两用中。三兄弟析产分家后,自然要分地择居。也不知是天意还是巧合,后来全德居于村西,全义居于村东。位于村中的老宅划归全美所有,恰好暗合了"在中堂"之意。

乾隆年间乔家堡的街道格局与现在大不相同(图2-4)。现如今乔家大院的位置当时是一个十字路口,南北小巷与东西街道交汇于此。乔家老宅就在十字路口的东北角。乔全美自立门户后,财富渐增,于是有了扩建宅院的念头,便在祖

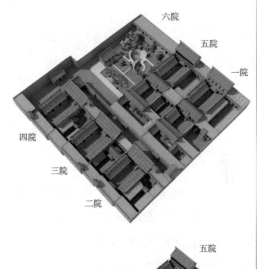

四院
六院
民国时期
乔映霞、
乔映奎创建

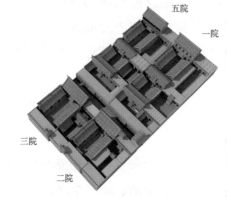

封闭街道
三院跨院
五院跨院
五院外跨院
一院外跨院
清光绪时期
乔致庸创建

二院
三院主院
五院主院
清同治时期
乔致庸创建

◎图2-4 乔家大院营造沿革
分析图

一院
清乾隆时期
乔全美创建

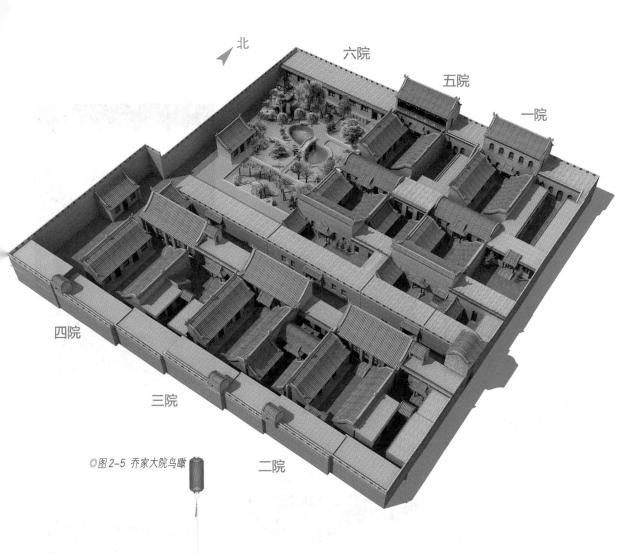

北

六院

五院

一院

四院

三院

二院

◎图2-5 乔家大院鸟瞰

宅周围收购了几处院落。扩建后的新院两面临街，彻底占据
了整个十字路口的东北角，这就是现今乔家大院的一院（只
包含北向的两进院落，南向大门与外跨院为后期加建），习惯
上也称为老院。当时乔家在村中已属富户，此宅却位于十字
路口，行人川流不息。出于安全考虑，宅院的基本形式采用
了晋中通行的两进南北楼、东西偏正跨院格局，俗称元宝院。
主院位于西侧，南向大门处建二层高楼，中间设过厅，北向
正房处同样建二层楼。跨院位于主院东侧，也是两进格局，但

◎图2-6 典型院落各部位名称

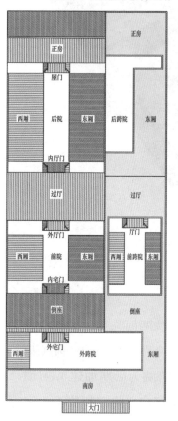

◎图2-7 乔家大院大门

◎图2-8 一院正房

◎图2-9 一院宅门及影壁

◎图2-10 一院正房二层内景

◎图2-11 一院跨院厅门

◎图2-12 乔家堡高耸的北墙

均为一层。此处本是乔家祖宅所在，在这次改造中被改成跨院，后期还曾用作在中堂的私塾。在跨院厅门前，至今还悬有"会芳"匾额（图2-11），而过厅横批上的"百年树人"四字仍旧依稀可辨。宅院四周高墙围合，具有很强的封闭和防御特性，所以亦称"筒楼院"。这与富商求平安、防贼寇的需求完全吻合（图2-12）。

# 复字号雄霸包头城

在乔家三子分门自立的时候，远在包头的乔家产业又进入了一个全新的发展时期。此时的广盛公在包头已经成为举足轻重的大商户。钱庄借贷和买树梢投机两项业务相辅相成，成为商号最主要的利润来源。但水可载舟，亦可覆舟。在乔贵发去世十余年后的嘉庆初年，广盛公在一次买树梢投机中彻底失败，亏损现银达十多万两，直接面临着资不抵债的绝境。正所谓好事不出门，坏事传千里，广盛公巨额亏损的消息马上传遍了包头城，乃至整个萨拉齐厅。接下来，挤兑者蜂拥而至，催款还债者不计其数，广盛公可谓危在旦夕。

面对这种局面，广盛公的大掌柜一方面派人稳住各路人等，另一方面星夜赶回晋中，分别找乔、秦两位东家求援。大掌柜首先赶赴徐沟秦家。秦家人听到广盛公巨额亏损的消息后，顿时暴跳如雷，一顿尖酸刻薄的言语把大掌柜羞辱得无

◎图2-13 库伦茶场旧照

地自容。大掌柜自觉理亏，于是百般赔礼，请求东家原谅，速速支援现银以解燃眉之急。谁料想秦家一毛不拔，非但不肯支援，反倒要大掌柜包赔损失。大掌柜眼看秦家后人如此不堪与谋，不禁仰天长叹一声：老东家，我对不起你啊！万般无奈，只能洒泪直奔祁县而去。

到得祁县，有秦家的前车之鉴，大掌柜只能孤注一掷。进了大门，扑通一声就跪在当院。这可把当时作为乔家主事的二爷乔全义吓了一大跳，忙不迭扶起大掌柜嘘寒问暖，细说根由。两方交代完毕，乔全义不禁眉头紧锁。这十余万两巨亏，光凭乔家一己之力，就算掏空家底也无济于事。但如不出手相救，那父亲一生的心血岂不眼看付诸东流？权衡再三，在与全德、全美两位兄弟商量后，全义决定动用父亲留下的资本，加上家族积蓄共计四万两现银应急。大掌柜闻听此言自然是喜不自禁，感激涕零，连夜起运返回包头。靠着这四万两银子，大掌柜先弥补了最急迫的亏空，随后凭借广盛公多

扩展阅读：

**秦家的衰败历程**

在复盛公改组后，秦家仍占有三股，即21.4%的股份。但此后秦家后人不思上进，逐步沾染上各类恶习。因为坐吃山空、入不敷出，只好不断从复字号中抽出股金以供挥霍。到民国年间，其股份仅剩一厘二毫五，即0.9%的股份。秦家由此从一个占据半壁江山的大股东，变得不如一个刚开始分红的小掌柜（一般为二厘）。到1937年，秦家后人抽走了这最后的股份，拿到现金800元及大批绸缎实物，转眼又在两个月内挥霍一空。秦家由此彻底败落，与复字号断绝了联系。

年的良好信誉，和各路债主达成以三年为期的延期还款协议，总算化解了眼前的危机。由此，人们对老财东乔贵发的眼光愈发钦佩。"乔贵发有后眼，看得够长远"这个口头禅亦在乔家堡村流传开来。

危机虽然暂时缓和，但外债依旧。正所谓知耻而后勇，广盛公大掌柜为不辜负乔家的知遇之恩，深入蒙疆腹地以货易货，用价格低廉的茶叶、铁器换来了大批珍贵的毛皮、马匹，获取了巨额利润。三年账期之日，结算完毕，除还清外债还略有盈余。两个账期下来，广盛公不仅完全恢复元气，而且大有结余。为庆祝广盛公渡过此劫，同时更为清算账目、重分股份红利，乔、秦两家与大掌柜共同进行了广盛公的改组。从此广盛公改名复盛公，店内股份也由当初的乔、秦各半，改为乔家十一股、秦家三股。这一年是清嘉庆六年（1801）。以此为分水岭，秦、乔两家的命运开始迥然不同。

复盛公自改组后，事业蒸蒸日上。除老本行粮油百货之外，又看准包头当时盛行赌博之机，开始介入典当行业，几年之间获利极丰。随后的二十余年间，历任掌柜锐意进取，复盛公根基巩固，信誉日彰。至清道光年间，在中堂独立出资设立复盛西、复盛全两号。咸丰之后，又增设复盛菜园、复盛协、复盛锦、复盛兴、复盛和、复盛油坊、通和店、广顺恒等一系列店铺，真正形成了一个以复盛公为核心的商业网络。其时，复字号几乎涉足了包头市面上所有的行业，在诸多行业中均执其牛耳，包头市商业行会会长之职亦长期由复字号的各个掌柜担当。正因为复字号对包头的繁荣发展做出了巨大贡献，方才流传下"先有复盛公，后有包头城"的千古赞誉！

# 亮财主大兴土木
# 大德号汇通天下

走嘞！

汇通天下。

正则通，通则大。

人生要做大事，离不开智、勇、仁三字。

我希望咱们做生意的人，不要心里只想着生意。你得心里装着天下，整个天下。

要想干事，就要广交善友，广结良缘。要想干大事，就要做到和敌人交朋友。

——电视剧《乔家大院》台词

乔致庸、蒋玉菡、江雪瑛、孙茂才、马荀，一句句经典的话语，一个个鲜活的人物……这亦幻亦真的故事，何为戏说，何为真实？

◎图2-15 乔致庸画像及墓碑

# 任人唯贤财源广

◎图2-16 祁县大德通总号大门及雕饰

乔致庸是乔全美的二子，因做事豁达大度，故有了"亮财主"的绰号。其人生于清嘉庆二十三年（1818），在乔贵发之下的第三代中位列第五，是最小的一个孙子。乔致庸本有一兄名叫致广，但早年离世。父亲乔全美悲伤过度，亦随之而去。这使得本来一心仕进、专心读书的乔致庸不得不早早地挑起了家庭的重担。此时的复盛公已是如日中天，但相比其余两堂，在中堂不论财力还是官运均处于弱势。乔致庸此时出道，可谓重任在肩。

乔致庸做生意，自然离不开复字号。但在中堂敢于跨出包头城，在归化城开辟新的领域。时间不长，他就先后开设了通顺店、大德店、德兴店、德兴长、法中庸等字号。通过持续的向外扩张，至同治、光绪年间，复字号已经完成了战略转型和全面发展，真正实现了"生意兴隆通四海、财源茂盛达三江"。作为老根据地的口外商铺自不必说，北京至包头沿线的各大城市都有复字号投资经营的各类商号；京津、东北乃至长江流域的各大商埠，也有复字号的各类产业。虽然经营地域广阔、门类齐全，但复字号万变不离其宗，最核心的业务依旧是其熟悉的粮、茶、钱、当四行。若要论影响力和盈利能力，则非票号莫属。

票号制度是山西商人的一大创举，也是现代银行业的前身。晋商的票号集存、放、汇于一体，创立了国际性的商业汇兑网络，为各地的经济繁荣做出了极大的贡献。晋商票号早在清道光初年便已出现，极盛之时在国内遍及近百个城市，在国际上则远至俄罗斯、日本和东南亚。在中堂在乔致庸的领导下，审时度势，于清光绪十年（1884）开设了大德通（图2-16）、大德恒两座票号，又在全国二十余个重点城市开设了分支机构。当时西起兰州、西安，东到江浙，南至广州，北及包头、沈阳、哈尔滨都有其分号，真正成就了"汇通天下"的理念。

光绪年间是票号的鼎盛时期，票号为乔家带来了滚滚财源。在光绪三十四年（1908）的顶峰之时，仅大德通票号就盈利五十万两白银，每股分红达到一万七千两。对于绝大多数的士人而言，这可是一个辛劳一生亦望尘莫及的天文数字。也正是这实打实的真金白银，将大批优秀人才带入了商海。乔致庸素以知人善任著称，除任人唯贤的举措外，还非常注意革除用人之弊端。乔家定有家规：各字号掌柜不得由乔氏族人担当，须选德才兼备之外姓人，且是疑人不用、用人不疑。正因为如此，在力挽狂澜、挽救广盛公的大掌柜之后，乔家商号又经乔致庸的大力延揽，迎来了一批出类拔萃的精英人物（图2-18）。

在这些人物中，最为出色的有入号五十年，任大德通票号经理二十五年的高钰；主持大德恒票号二十六年，晚年其女与乔致庸之孙联姻的阎维藩；以及由阎维藩提拔，曾在大德恒票号接待西奔出逃的慈禧、光绪一行，后以天恩眷顾，出任满清国家银行——大清银行首任行长的贾继英。他们为乔家带

◎图2-17 大德通票号印章

◎图2-18 大德通伙友旧照

来了丰厚的财帛与无上的声望，在危难关头一次次挽救了乔家，挽救了在中堂，同时也在商业史乃至近代史中写下了浓墨重彩的一笔。这些如河汉般灿烂的群英走出祁县，走出山西，走出中国，用行动见证了汇通天下的誓言——我们的征途是星辰大海！今天，那一副副坚毅的面孔仍然依稀可辨，那心怀高远、戮力前行的身影依旧近在眼前。悠悠之间，不禁令人心驰神往。

在中堂发达的原因，除善于用人之外，最主要的还在于其独特的经营观念和手段。在中堂的经营观念主要包括：人

## 马荀掌柜的原型

电视连续剧《乔家大院》中那个机敏的马荀，想必给观众留下了深刻的印象。历史上的乔家复字号中确实出过一位马荀掌柜，而且其轶事还颇为有趣。马荀本为复字号下属复盛西粮店的一个小掌柜，由于文化程度不高，大字不识几个，还曾错把名字马荀写作马苟，由此也被人戏称为马狗掌柜。马荀为复盛西粮店带来了兴隆的生意，也为乔家复字号的发展立下了汗马功劳。电视剧中的马荀还融入了乔家另一位马姓掌柜的故事。此人名为马公甫，由于能力出众，曾是在中堂唯一占有两股股份的大掌柜（普通大掌柜的股份上限就是一股），执掌复字号数十年，可谓功勋卓著。

弃我取，薄利多销；重视信誉，不弄虚伪；忍让为先，宽以待人；慎重交易，善始善终。在手段上则重视制度建设，各商号均建立了全面有效的奖惩管理规章。同时，在中堂还强调对外交流，通过广泛的交际形成联盟，进而有效地维护其商业利益。乔家历来重视结交各类官员，上至慈禧太后、光绪皇帝，下到督、道、府、县的各级官员，均曲意逢迎、全力协助。与之联系密切的包括山西巡抚赵尔巽、岑春煊、丁宝铨，京师九门提督马玉昆、军机大臣左宗棠、北洋大臣李鸿章、湖广总督端方，以及后来的阎锡山、赵戴文、孔祥熙等等。为抬高身价、光耀门庭，花钱买个虚衔也是必不可少的。乔致庸本人就捐了个二品补用道，其余族人乃至先祖也都有头衔。通过联姻来扩展势力，也是乔家的特长。乔家先后与祁县渠家、太谷曹家、榆次常家等晋商巨族联姻，甚至把北洋政府代总统冯国璋的外甥女娶进了家门。

如此殚精竭虑地苦心经营，在中堂在乔致庸手中发展到顶峰也就不足为奇了。据统计，自光绪末年至民国时期，在中堂的商铺在全国总计200处以上，仅流动资金就已达700万到1000万两白银之巨。如计入房产土地等各类不动产，则在中堂鼎盛之时的资产可达数千万两之巨。当光绪三十三年（1907）乔致庸走完那恢弘壮阔的一生之时，他为子孙后代留下了一个名副其实的商业帝国。走嘞！走嘞！在中堂终于在乔致庸手中扬帆远航了。然而，随着舵手的离去，这艘艨艟（méngchōng）巨舰未来又会驶向何方？

# 囍字合院渊源长

　　乔致庸掌管在中堂之后，乔家的商业得到了极大的发展。同时，乔家人丁稀少的情况也发生了根本性的改变。与乔贵发时期的局面不同，乔家第四辈诚可谓人丁兴旺。光乔致庸本人就先后娶妻六名，育有六子，其余两堂人口亦日渐繁盛。到乔致庸晚年，在中堂第五辈更多达11口人。随着人口的增多，乔全美修建的筒楼院老宅逐渐不敷使用，新建住宅就成了迫切的需要。修宅就要选址，究竟如何挑选呢？在此之前，昔日第二代掌门人乔全义的宁守堂已经先行一步扩建完毕。宁守堂选择了子嗣择地另建、分家自立的方法。这样虽然可以减少纷争，但分家后财力却无法集中。因此，宁守堂在当时的商业经营中已渐现疲态，实力明显落后于在中堂。有鉴于此，乔致庸决定以老宅为核心，同堂而居、原地扩建。

　　同治初年，扩建工程正式开始。乔致庸首先购买了筒楼院西侧，与之隔巷相望的一块地皮，据说购买时还颇费了一番周折。原主人起初不愿出售，直至一日家里出了人命官司，眼看要输，不得已到乔致庸处请求予以疏通。在乔致庸的协

◎图2-19 五院全景
◎图2-20 五院宅门

◎图2-21 五院正房

扩展阅读:

### 乔家购地轶闻

乔家要扩建宅院,自然需要不断收购周边宅基。在此过程中,就出过一次不大不小的纷争。某次扩建中需要收购王姓一族的一块地基,但此处有王姓族人共建、具有家庙性质的一座小三官庙,其内还有两颗椿树,被王氏族人视为家族兴旺的象征。乔家办事人员仰仗财大气粗,又为了赶工期,虽明知王氏族人多有不满,但还是在与王氏族长简单达成协议后就迅速拆庙砍树。这下可惹恼了王氏族人中的一个暴脾气。此人外号猪六儿,常年在北京镖局充当镖师,练得一身好武艺。恰逢回乡探亲,闻听此事顿时暴跳如雷,直奔乔家大门外破口大骂,更要以命相拼。乔致庸闻听有异,详细了解情况之后,也觉得办

助下,这起官司终于顺利平息。为了感谢乔家的大恩大德,主人这才同意将地皮售与乔家。这块地皮的大小,与当时筒楼院的主院类似。在此处新建的一座四合院(今五院),依旧是当地流行的两进南北楼元宝式(图2-19)。此处宅院与筒楼院相比,外部基本一致,都是高墙耸立,保留了明显的防卫特征。内部则变化很大,尤其是新宅正房的二层,摒弃了筒楼院封闭压抑的砖券小窗,改为全部开敞、利于采光通风的木制槅(gé)扇。主人在此既可凭栏而眺、饱览村景,又可俯瞰全院、舒目畅游。由此,这座院落也就被称为明楼院(图2-21)。与筒楼院的森严拘谨不同,明楼院大开大合的建筑风格凸显了主人豁达自信、敢闯敢干的进取心态(图2-22)。其内部典雅的装饰、完备的设施充满了温馨舒适的生活气息,从而成为在中堂鼎盛时期闲适生活的写照。昔年张艺谋把电影《大红灯笼高高挂》的主场景选在明楼院,确实是慧眼识珠。

事人员所为有失妥当。于是乎，一方面好言抚慰猪六儿，另一方面马上出资在不远处为王氏复建了一座三官庙，不论规模还是雕饰，都远比旧庙出色。这样一来，不仅化解了危机，又使坏事变成好事，仁义乔家之名再次远播乡里。

◎图2-22 一院、五院正房立面对比

在修建明楼院之后，族内人口持续增长，宅院依旧局促不堪。到同治十年（1871），乔致庸遂决定继续扩建。这一次，乔致庸在已有宅院的南侧兴建了两座略小的单进四合院，分别位于十字路口的西南角与东南角，俗称东南院（图2-23，

◎图2-23 二院正房
◎图2-24 三院正房

◎图2-26 清光绪《祁县志》中的乔致庸捐款记录

今二院）和西南院（图2-24，今三院）。四座合院分据十字路口的四角，这也为日后连成一体打下了基础（图2-25）。此时已是光绪初年，适逢山西境内大旱，赤地千里颗粒无收。乔致庸主动出面赈灾，除捐款之外，据说还以工代赈，通过修建两座院落解决了部分灾民的温饱问题。在清光绪八年（1882）刘发绸的《祁县志》中，还保留有乔致庸当时的捐款记录（图2-26）。

光绪中期之后，清王朝日趋衰败，人民生活困顿不堪，各类流民盗匪层出不穷。祁县一带的治安形势随之渐趋严峻，破门而入、打家劫舍的事件时有发生。为求自保，当地很多豪商富户开始将自己的宅院增修或改建成堡寨形式。而当时的在中堂，无疑已成为一干人等眼中的肥肉。有鉴于此，乔致庸与诸子一方面雇佣人手、购买枪械加强守备，另一方面则开始考虑如何将四座合院连为一体，通过高墙深垒来御敌。四座合院当时分据十字路口四角，想要将之连接起来，只能占路建墙。然而，这本为公共空间的道路岂能说占就占？乔家虽然财大气粗，但也颇费了一番周章，又开销掉银钱无数，

◎图2-25 二院大门　　　　◎图2-27 乔家大院巷道　　　　◎图2-28 乔家大院堡门与一院大门

◎图2-29 乔家大院祠堂

◎图2-30 乔家大院南向堡墙与眺阁

方才于光绪十九年（1893）获得了两段道路的产权。后来，南北向的小巷被分别改建成五院和三院的跨院。街道一分为二，北侧分别改建为一、五两院的外跨院，南侧则留作堡院的内部巷道（图2-27）。巷道东侧开启堡门（图2-28），取紫气东来之意，西侧则为祖宗祠堂（图2-29）。四个合院就此联为一个堡寨式宅院，堡墙上部设有更房、眺阁以供守夜瞭望（图2-30）。其屋顶垛口密布，通道环绕整个堡院，可供行走其上守备御敌（图2-31）。至此，现今乔家大院的主体格局已基本形成。因为四个合院呈四角排列，又联为一体，所以乡民也将之附会为"囍"字格局（图2-32）。

双喜临门吉祥如意，乔家确实也在随后的几十年内避开了刀兵之祸。然而，家里可以歌舞升平，外面的世界却在天崩地裂。高耸的堡墙挡不住历史的车轮，清王朝已日薄西山，与之休戚与共的乔家又将如何？

◎图2-31 屋顶构成的环形通道

# 成义子守成增修
# 在中堂析产式微

成义子，留了头发剪辫子。

穿的洋袄儿洋裤子，脖子上箍的腿带子。

裤子裆里缀扣子，尿尿不用解裤子。

诙谐幽默的乡间童谣给我们描述了一个怪异的人物形象。

他是谁？他为何打扮成这样？他又做了哪些怪事呢？

## 洋大少革新求变

乔致庸是乔氏一门中寿数最高的一位，活了八十九岁，先后经历嘉庆、道光、咸丰、同治、光绪五朝，在乔家众人中是唯一一位享受过四世同堂天伦之乐之人。按乔氏族谱排序，乔贵发之后的字序排列为全、致、景、映、人。乔致庸育有六子，为景字辈。映字辈有十一人，除一人早夭外，尚余十人。乔致庸在世时，已有六个曾孙诞生。乔致庸一生中曾多次选择继承人，但均不太成功。长子景岱为人骄横跋扈，在包头主持生意期间急功近利，闯出大祸，自己也身陷牢狱。后虽经百般周旋得以脱罪，但从此被乔致庸软禁于宅内，直至先其父而去。次子景仪个性暴烈，亦曾外出招惹事端，甚至有传闻说还由此引来了杀身之祸。其人亦死于乔致庸之前。三子景俨持重有余、魄力不足，日常主持家政不在话下，但非经营之才，难当大任（图2-33）。四子景侃朴实迟钝，不善言语，寿仅四十余即撒手人寰。五子景俪早夭，年仅二十即

◎图2-33 乔景俨与乔映霞旧照

故去。六子景僖为乔致庸花甲所得,视若珍宝,溺爱无度。然景僖生而羸弱,最终沉溺鸦片一病不起,年仅二十。六子皆不如意,乔致庸只好把目光投向了第三代映字辈,而作为长孙的乔映霞就成为最佳人选。乔致庸在世时,曾刻意培养这个孙儿,屡屡委以难事,以求磨练其才干。乔映霞确实也堪当大任,处事为人均合宜得体,颇得乔致庸认可。到乔致庸谢世之时,六子中仅景俨在世。碍于封建礼法,继承人虽名义上仍为景俨,但实际上操持乔家、尤其是对外商业活动的已经是长孙乔映霞。

乔映霞,字锦堂,乳名成义,人称成义财主、成义子。此人成长在清朝末年,适逢清王朝内交外困、西风东渐之时。他对康梁变法和孙中山领导的国民革命均十分崇拜,民国时还曾加入了同盟会。同时,乔映霞还信奉天主教,崇尚西方文明,由此造就了敢作敢为、思想激进的性格。他在祁县积极倡导兴办教育、改善生活,并破除迷信、剪辫放足、禁绝毒品。这些在当今看似普通的举动,当时却在有着数千年封建积习的祁县乡间产生了石破惊天般的震撼,也给村民留下了不可磨灭的印象。开篇那段顺口溜,就是村民对穿着西式服装的乔映霞的调侃。脖子上的腿带子就是领带,乡民不识此物,误以为成义财主把腿上的绑腿带扎到了脖子上。那解开扣子就可小解的西裤,也是常年穿着中式免裆裤的村民所未见的。

乔映霞的革新作为在祁县广为流传,各类故事不计其数,很多至今还为村民所津津乐道。如他年轻时率先在乔家堡推行的剪辫和破除迷信活动都非常激进。剪辫最激烈时,居然在乡村庙会中牵着大狼狗满街追逐老少人等,抓到一个就咔嚓一剪,搞得人们四散奔逃,甚至钻店铺、躲柜底……可是面对掘地三尺的成义财主,大都不能幸免。破除迷信的手段

◎图2-34 乔家堡童子军成立旧照

同样异常激进。乔映霞为建学校和工厂，大举拆毁乔家堡周边的各类庙宇，最后只剩村东关帝庙得以幸免。对其推倒神像的行为，村里也留下了"大神神扔进壕子，小神神扔进茅子（厕所）"之语。为革新风气、传播西方文化，乔映霞还特意从天津购置服装乐器，在乔家堡组织了祁县乃至晋中地区的第一支童子军，每日于村中演练。这支童子军服装笔挺、队伍齐整，吹吹打打好不热闹（图2-34）。

对外一门心思革新，对内自然也不能怠慢。民国初年，伴随着人口的持续增长，在中堂又一次面临着扩建之需。于是在乔映霞及其堂弟乔映奎的主持下，乔家又在"囍"字合院的西南侧购买了一块地皮，并紧挨三院新建了一套带跨院的单进合院（今四院）。新建的合院基本形式与二院类似，但在西方文化的影响下，引入了一些现代生活设施（图2-35、图2-36）。如院内建筑采用了利于通风采光的大玻璃窗，室内则布置了一些新式的起居用具等，故而这个院子也被称为新院。除此之外，主人还把一些欧式元素带到了院内，典型者如倒座与正房上饰有多层线脚的券窗（图2-37）。此类装

◎图2-35 四院大门

◎图2-36 四院跨院

◎图2-37 四院正房及门楼

◎图2-38 祁县大德诚商铺

◎图2-39 大德诚券窗与欧洲拱券对比

扩展阅读：

## 映字辈与祁县的
## 第一辆汽车

乔家自映字辈开始，普遍对新事物抱有浓厚的兴趣。乔映霞自不必说，同为映字辈的老六乔映璜竟在1930年破天荒地买回了祁县第一辆汽车，还专门带回一个司机，成为轰动一时的新闻。乔映璜本来就很会享受，好出风头，乡民们幽默地给他起了个"六捣鬼"的绰号。自打汽车到手，乔映璜更是迫不及待地到处炫耀。不管有事没事，总要开出来到县城一游。所到之处自然是人山人海，可算是大大时髦、风光了一阵。可惜当时乡间道路泥泞不平，一次出行汽车陷于坑中不能自拔，最后靠牛车拖曳方才脱困，就此留下个汽车不如牛车的乡村笑柄。

饰显然极得主人青睐，不光出现于此，在祁县城内同期修建的乔家商铺中也频频亮相（图2-38、图2-39）。在增建的同时，乔映霞还主持改建了五院，把外跨院与一院相通处封闭，改建为一个现代化的西式客厅。据回忆，客厅具有明显的异国情调，这大约与乔映霞信仰天主教、倾慕西方文明有关。在客厅一旁，乔映霞还修建了当地难得一见的现代化浴室，并把旱厕改为西式的冲水厕所。这一系列行动，为日渐迟暮的乔家大院注入了一股新鲜的活力。

# 分六股曲终人散

作为乔家第五代掌门人的乔映霞，早期极具魄力与进取心。然而正所谓刚者易折，民国初年乔映霞担任禁烟委员会主任委员时，在一次带队铲除烟苗的时候，与村民发生了争斗。乔映霞在争斗中开枪误伤人命，由此惹出了大祸，不得不潜逃离晋，在天津躲藏了相当时日。在津期间，乔映霞结识了年轻貌美、活泼开朗的护士刘菊秀。二人一见钟情，刘氏不顾双方年龄悬殊（此时乔映霞已四十有余，刘氏不过二十出头），执意委身于映霞。映霞固辞不果，乃与之成婚。但好景不长，仅五年后双方感情即告破裂。乔映霞痛不欲生，曾跳楼自尽。后虽保住性命，却摔坏了腿骨，导致终身残疾，只能跛足而行。在刘氏之前，乔映霞本有感情极深的发妻程氏。程氏后因生产不利而辞世，令乔映霞伤痛不已。现今刘氏之事更是雪上加霜，最终使性情耿直、爱憎分明的乔映霞不堪重压，于1921年精神失常，随后即在家休养。自此，在中堂的日常事务便由其族弟乔映奎接手管理。

映字辈接手乔家事务的这段时间，正是清末至民国社会

◎图2-40 复盛公银号伙友的
最后合影

最为动荡的时期，外有列强欺辱，内有军阀混战。受外部大环
境影响，乔家的商业经营日渐艰难。如1926年冯玉祥率西北
军自包头撤退，粮饷均系摊派，复字号前后损失现洋近200万，
元气大伤，随后一蹶不振。同时，作为昔日盈利核心的票号业
务在进入20世纪20年代后，受到现代银行业的广泛竞争，虽

*Huashuo Qiaojia Dayuan* 在中致远百岁荣光

**43**

◎图2-41 祁县晋逢德绸缎庄旧址

扩展阅读：

### 在中堂最后的
### 掌门人乔映奎

　　乔映奎，字星斋，乔景俨之子。其人体格魁梧，仪表堂堂，性格开朗，曾任祁县三十六村联防董事会会长。因办事圆融、玲珑八面，乡里曾赠其"身备六行"匾以示尊重。其妻为大德恒掌柜渠元甫的胞妹，育有五女。民国七年（1918）得一子，但不久即夭亡。其妻深受刺激，开始出现精神分裂症状。后又有一女因庸医误诊丧生，渠氏彻底疯魔，至死未愈。乔映奎常年居于乡里料理家务，很少外出，1941年病逝于故里。

　　勉力维持，却已是穷途末路。在中堂的利润来源日趋萎缩，而内部人员的奢靡腐化却愈演愈烈。在失去乔致庸这位拥有绝对权威的大家长之管束后，各房各代的铺张浪费更是一发不可收拾。就拿祁县城内在中堂独资开办的晋逢德绸缎庄来说，该店专营高档面料、衣物，客户均为乔、渠、何等大家富户，而在中堂的采购量要占其营业额的一半以上。据故老回忆，当时很多子弟来此均是赊账签单，高档衣料随手捡取，毫不吝惜金钱。日常生活的开销姑且不提，早年绝对禁绝的吸毒、嫖娼、收纳外室等行为也日渐泛滥，竟然出现了乔映南举家吸毒，翁婿婆媳子女几乎无一不吞云吐雾的咄咄怪事。因为吸毒，乔映南独子年仅十九即亡，其本人也于1939年困顿而死，期间甚至还发生了一个女儿烟毒发作，倒毙路边的惨剧。

　　面对家族成员良莠不齐、人心涣散的局面，分家的呼声早在乔致庸辞世之后就已出现。然而，因为分配比例与分配方法多有争执，加之当时在中堂经济状况尚可，也就维持了

下来。但20世纪20年代后，在中堂业务大受挫折，内部矛盾日益突出，不得已在1930年，经由当时名义上的当家人乔映霞首肯，终于进行了清算分家。在中堂以景字辈六人为基础，按房派和人口略作调整，将所有财产分作六份。至此，在中堂走上了几十年前宁守堂的老路，再也无法集中力量进行商业经营。分家后，在中堂长门一支由乔映霞的长子、长年居于天津的乔健（即乔铁汉）执掌，管理包括大德通、大德恒在内的商号。此时乔家的商业活动虽然仍在持续，但已然江河日下，只能在纷乱的世事中勉力维持。

7年之后的1937年，卢沟桥畔的枪声彻底击碎了乔氏家族的最后一线希望。此时乔氏家族的产业大半沦落敌手，迅

◎图2-42 天津乔铁汉旧居

速被日伪盘剥殆尽。以包头复字号的经历为例，1937年10月日寇占据包头，1938年即将复盛公、复盛全、复盛西三家复字号内实力最强的商铺收归日伪成立的新亚当与同和实业银行。复字号由此彻底衰败，虽还持有米粮店、菜园等，但也只能勉强糊口。1938年春，日寇正式进驻乔家堡。面对日寇的威逼利诱，乔氏族人无力反抗，只能选择离家远去。随着同年7月乔氏族人的陆续搬离，辉煌了百余年的豪门大宅终于归于沉寂。原本准备修建花园的西北地块也就永远地停留在了主人的脑海之中，最终留下了现今六缺一的残局（图2-43、图2-44）。

古人云：君子之泽，五世而斩。虽是约略之说，但用在乔家身上却恰如其分。自乔贵发至乔映霞，历经五代，一个豪门巨族走完了它波澜壮阔的历程，留下无数的故事供人感慨、叹息。当我们漫步大院，徜徉其间之时，于那厅堂楼阁之间，不知是否会听到朗朗笑声、窃窃私语？那也许是亮财主在高谈阔论，亦或是成义子在低声慢语。这正是：兴，在时在运在命；衰，由人由事由己。忆往昔，大江东去，一曲歌罢掉头西；看今朝，千古江山，英雄辈出际遇奇。乔家的故事已经结束，但乔家大院的故事却刚刚开始！

◎图2-43 六院大门
◎图2-44 六院花园

# 乔家大院的发现之旅

好奇心是人类的本能，那不得其门而入的百爪挠心之感，想必人人皆曾体验。旅游，大约也是人们为满足好奇心而发明的一项活动。当无数游客来到乔家大院，仰俯之间，这平日里的"百爪"怕是早已变为千千万万了。堪比王侯的豪宅大院从何而来？特色鲜明的装饰雕刻源头何在？屋顶缘何成了"罗锅"？门楼高飞又为哪般？古人云：何以解忧？唯有杜康。这好奇心自与酒无缘，何以解之，唯有"发现"二字而已。正所谓闲情偶得，永志难忘，游走间不经意的一瞥也许会带来长久的美好回忆。字为舟，画为帆，现在就让我们用这纷飞的图文开启一次发现之旅吧！

# 敢与天子试比高

　　中国的封建社会，是一个等级森严的社会。统治者们为凸显其至高无上的地位与权力，将等级制度彻底物化，在房屋、车马、衣物等各个领域均有严格的规定。除皇帝之外，不具备一定身份而擅自使用某些物品或超越某种规制，都被称为僭越逾制之举。其后果轻则是蔑视君王，少不得丢官入狱；重则为意图谋反，那可是要满门抄斩、祸及九族的。

## 和珅僭越获罪　乔氏逾制荣身

　　和珅，满洲正红旗人，清乾隆年间的权臣。这个本只停留在故纸堆中的人物伴随着历史剧的升温，以及著名演员王刚的出色表演，如今已然成为家喻户晓的喜剧人物。但是在

◎图3-1　恭王府锡晋斋及楠木楠扇

◎图3-2 恭王府花园

◎图3-3 五院大门

历史上，他的结局可是个不折不扣的悲剧。

1799年正月，乾隆帝谢世仅十天，和珅就以二十大罪状被嘉庆帝清算治罪，最后落得个服毒自尽的下场。根据《清仁宗睿皇帝实录》嘉庆四年（1799）正月甲戌中的记录，这二十大罪状大部分涉及僭越不恭之举，其中与建筑营造密切相关的就有两条。首先是其大罪十三："昨将和珅家产查抄，所盖楠木房屋，僭侈逾制，其多宝阁及隔段式样，皆仿照宁寿宫制度（图3-1）。其园寓点缀，竟与圆明园蓬岛、瑶台无异（图3-2），不知是何肺肠！"其次是其大罪十四："蓟州填茔，居然设立享殿，开置隧道，附近居民有'和陵'之称。"

虽然嘉庆帝治罪和珅多少有点"罗织经"的味道，但其人毕竟在"僭越"上面栽了跟头。权倾一时的和珅尚且有此下场，那么一般官民应该更不敢越雷池半步了。然而若对乔家大院建筑中的各类构件与做法细加审视，却会发现不少咄咄怪事。原来在这个大院中，对封建等级制度的僭越可谓无处不在，很多地方甚至直逼皇家建筑的规制。这可真是皇帝轮流做，如今到乔家了。具体而言，其形制方面的僭越主要体现在大门的开间数与位置，正房的开间数，斗拱、筒瓦、吻兽的使用，以及彩画装饰几个方面。这些出格的做法，在一、五两院中表现得尤为明显。

## 中轴开门皇族相　正房五间高官第

建筑的开间数和位置在封建社会可是颇有讲究的。首先，一、五两院的三开间大门就是一种明显的逾制（图3-3）。按照清代的规制，只有皇族和高品级官员方可享用多开间的大门。如《大清会典》规定，一般亲王、郡王府邸可用五开间

◎图3-4 一院中轴开门的穿心做法

大门，其中开启三间；自贝勒以下可用三开间大门，其中开启一间。《大清律例》则明确规定，只有五品以上的朝臣才能使用三开间大门，且以三间为上限。一院修建时乔氏尚为一介平民，却俨然已经享受着贝勒爷的待遇了。

其次，一、五两院都是所谓的里五外三穿心格局，这也是逾制的一大体现。穿心，指的就是大门开在中轴线上。两院的大门从整体看，虽略偏东，但基本位于宅院的中轴线上。同时，主、跨两院设在外跨院的入口更是完全处于各自的中轴线上（图3-4、图3-5）。在大门开启的位置上，只要看看北京城的王府就能一目了然。按照惯例，只有皇族才能

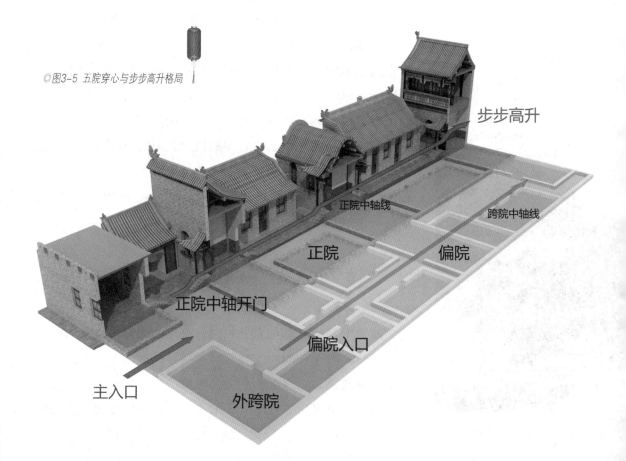

◎图3-5 五院穿心与步步高升格局

步步高升

正院中轴线

跨院中轴线

正院

偏院

正院中轴开门

偏院入口

主入口

外跨院

◎图3-6 恭王府大门

◎图3-7 恭王府银安殿

在府邸的中轴线上开门，此类大门就是清代的王府大门（图3-6）。就一般官员而言，只会在宅院的一角开门。如果是南北向宅院，通常开于东南角。以此衡量，乔家的逾制更是确凿无疑了。

最后，所谓里五外三，指的是房子的开间。一、五两院的倒座、过厅、正房均为五开间，厢房则后院五间、前院三间，这也大大超出了当时规制的允许范围。据《大清会典》记载："贝子府制，堂屋四重，各广五间。"《大清律例》则有："三品至五品，厅房五间七架……庶民所居堂舍不过三间五架（图3-7）。"乔氏作为普通老百姓，房屋的开间居然与清代贝子府同制，只不过限于地块尺幅而在进深上有所缩减，仅设两进而已。即使如此，也是完全可以和品官媲美的规格了。

◎图3-8 一院五间五架正房

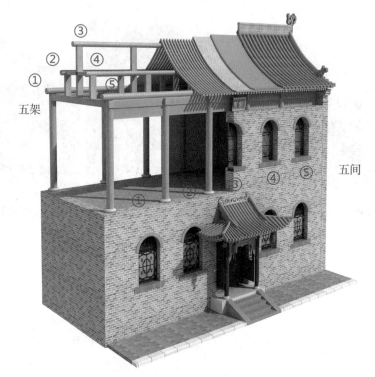

五架

③
② ④
① ⑤

③ ④ ⑤ 五间
① ②

一院正房剖切

一院五间五架正房

◎图3-9 斗拱构成

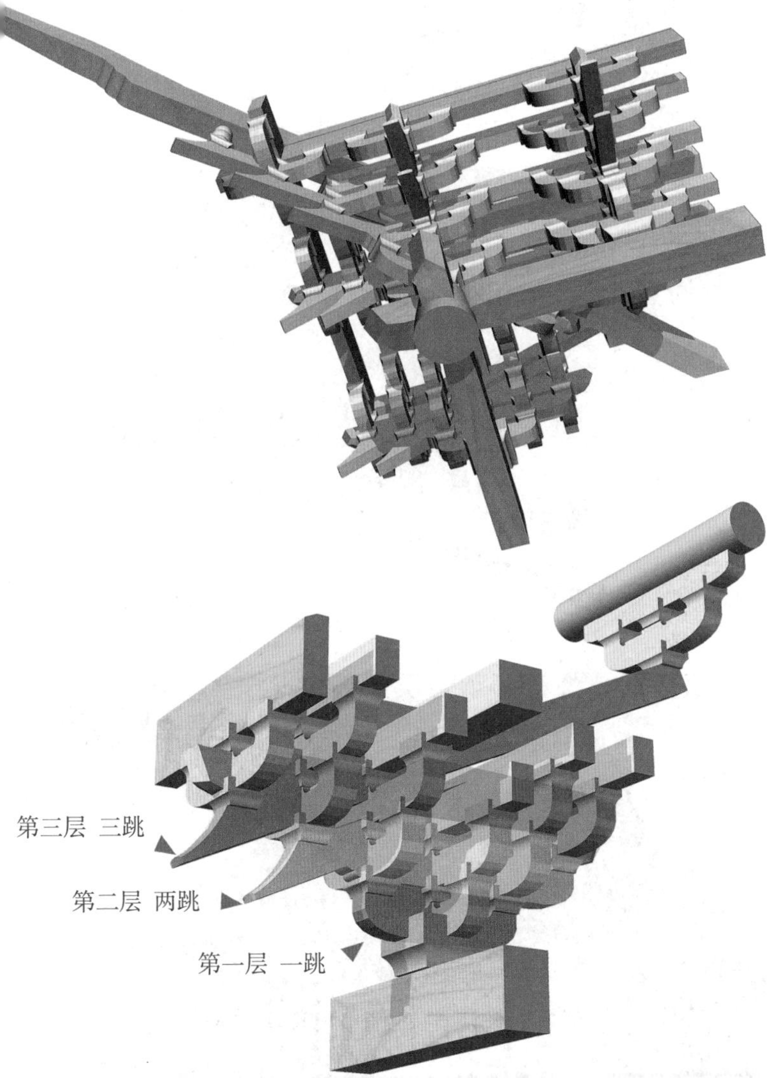

第三层 三跳

第二层 两跳

第一层 一跳

## 重拱脊兽相叠连
## 故宫彩画不入眼

斗拱，是中国传统建筑中最为独特的一种构件，早期具有显著的结构作用，用于支撑出挑的屋檐，后期则逐渐转化为装饰构件，并与建筑的等级紧密联系起来（图3-9）。至明清时期，斗拱更成为一种重要的身份象征。斗拱的结构看似十分繁复，其实也很简单，不过以一些条状木块纵横交错而成。在明清时期，斗拱的等级以木条的层数为标准，层数越多，则等级越高。单层的斗拱称为单拱；多层则称重拱，每出一层称为一跳。按《大清律例》规定，"房舍并不得施用重拱、重檐……庶民所居堂舍不过三间五架，不用斗拱彩色雕饰"。再看看乔家的一院，各类入口大量使用了斗拱，而且都是重拱。从大门、宅门、厅门到屋门，朵朵重拱历历在目，雕饰亦层出不穷

扩展阅读：

### 山西票号点滴

　　自咸丰年间太平军兴起于江南后，南北交通阻隔。清政府因南方富庶之地的赋税无法缴付中央，故开始依赖票号的汇兑系统予以调拨。自同治元年（1862）至光绪十九年（1893）的一段时间，票号累计汇兑赋税近6000万两白银，每年平均近200万两，接近当时应缴总额的1/3。此外，庚子赔款本息共计98223万两，其中大部分需要地方汇缴，这也多由票号负责汇兑。

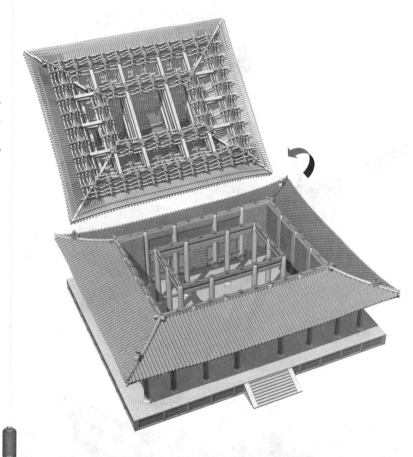

◎图3-10 斗拱与建筑的关系

◎图3-11 乔家大院门楼斗拱

◎图3-12 二院的筒瓦与吻兽

（图3-11）。作为一介庶民的乔家，于此再次突破限制，直接与皇亲国戚比肩。

在建筑装饰上，乔家大院依旧是全面突破规制。据《大清会典则例》记载："贝勒府制，堂屋……筒瓦压脊。贝子府制……脊安望兽。二品以上官正房得立望兽，余不得擅用"。反观乔家各院，非但位于中轴线上的倒座、正房使用筒瓦屋脊，连两侧厢房都纷纷上马，而且几乎所有的屋脊上都安置了吻兽（图3-12）。唯一与官式吻兽的区别，就在于这里没有做出真正的兽形，而是以云形模拟（图3-13、图3-14）。然而在一些正房的脊饰中，也赫然出现了兽形，着实令人对大院装饰的等级之高叹为观止。在彩画方面，依《大清会典》所载："贝勒府制……门柱红青油漆，梁栋贴金，采画花草。凡第宅，公侯以下至三品官……门柱饰黝垩，中梁饰金，旁绘五采杂花……庶人惟油漆。"而在乔家大院所有的建筑上，都绘有一种称为"金青画"的彩画，且大量使用了贴金工艺。金青画在黄金的使用量上十分惊人，华丽程度甚至超过了清代皇家最高等级的龙和玺，充分体现出晋商的豪奢之气。关于这种彩画，本书"晋商族徽说彩画"部分将作专门介绍，于此不再赘述。但以此来看，乔家大院的规制远远超越了品官宅第，再次直逼贝勒爷的华府。

说到这里，很多人会问，乔家为何如此张

◎图3-13 吻兽的云形做法

◎图3-14 北京皇家建筑的屋脊和吻兽

扬，就不怕引来杀身之祸？实际上，乔家之所以敢于营建如此规模的宅院，首先得益于地处偏远。历朝历代，各类等级规制大都只能约束国都及其周边一些地区的官僚人等。稍微偏远一些，很多规制也就鞭长莫及了。诸如开门、脊兽、彩画之类，在祁县当地屡见不鲜，老百姓习以为常，自然也就是民不举、官不究，相安无事。但更进一步，这个问题就要放在清代中期社会变迁的大背景下加以审视。自清代中叶开始，伴随着社会经济的发展与列强入侵带来的强力冲击，中国传统社会抑商政策逐步瓦解，商人成为社会生活中日趋重要的一股势力。到同治、光绪之际，清政府对商人，尤其是晋商、浙商两大商帮已经形成了高度依赖。除商人经营活动直接产生的税收之外，商人的票号也有助于协助汇缴地方赋税、筹措借款、支付对外赔款、发放贷款等。乃至于慈禧、光绪仓皇西逃之时，也少不了山西商人的银钱资助。商人的交游随之日渐广泛，上至皇亲国戚，下到督府群臣，都成为其座上客。同时，清代晚期的输捐制度使得商人也可买个官衔来荣身护体。面对这样一个并无政治野心，又有利可图的群体，自然不会有人追究其僭越之罪了。统治者充其量也就不无鄙视，又不无羡慕地给他们扣上个奢靡无度、鄙俗不堪的帽子而已。

# 悠悠黄土地

民谚中有"一方水土养一方人"的说法，建筑学领域则有"风土建筑"一说。实际上，二者所言都是指一定的自然人文条件会孕育与之相适应的产物。中国北方民居有两大体系，一个是作为平原地区城市合院代表的北京四合院；另一个，就是适应黄土高原地区生态文化环境的山陕民居体系。特殊的气候与地域文化特点，直接塑造了乔家大院的建筑格局与形式。

## 物我相宜定布局

从整体布局来看，乔家大院与北京四合院大不相同。而通过两地合院平面图的对比可知，房屋本身的尺度相差不大，布局的差异主要来源于对庭院空间的处理。北京四合院的单进院落一般情况下都比较方正，尤其是高等级的四合院，几乎就是一个正方形（图3-15）。而乔家的院落则呈长方形，尤其内院之长宽比一般会达到二比一，明显比北京四合院狭长（图3-16）。

究其原因，首先是自然气候条件导致的差异。乔家大院地处黄土高原，当地的气候特点是冬季寒冷，西北风盛行；春秋风沙袭人；夏季昼夜温差大、湿度小、降雨少。由此导致合院在设计上必须注重冬季的保暖与春秋两季的风沙防护。在以西北风为主导风向的黄土高原地区，要做到这点，最简单的办法就是在保持房屋尺寸不变的同时，将东西厢房拉向中心，以缩小庭院的东西向尺寸（图3-18）。同时，乔家大院的厢房屋顶高耸，可以有效遮蔽寒风沙土，从而减少建筑的

扩展阅读：

### 风土民居之
### 山陕合院与地窖院

民居是民用居住建筑的简称。中国幅员辽阔，环境多变，由此造就了丰富多彩的民居体系。在山西、陕西、河南等地，建于地面之上的砖木混合四合院随处可见。同时，一些地方黄土堆积深厚，可达几十甚至上百米，于是出现了自地面向下挖坑，再横向扩展为窑洞的民居，俗称地窖院。在地窖院中自下而上仰望，宛若置身地底，极富地域特色。

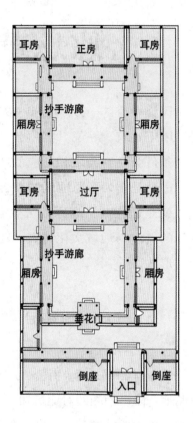

◎图3-15 北京四合院平面图

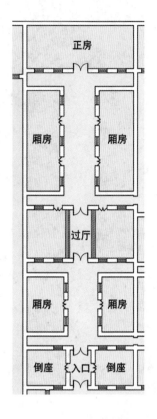

◎图3-16 乔家大院五院主院平面图

◎图3-17 地窖院

热量散失，降低庭院的沙土沉积。虽然这样处理会影响院内建筑的采光和通风，但权衡之间，显然是防风保暖更为重要。反观北京地区，则因地处平原地带而气候温和，昼夜温差也相对较小。北京冬季气温较之晋中略高，夏季则更趋炎热。因此，北京四合院注重通风采光，夏季需要散热遮阳，冬季则无须特别强调保温；在布局设计上，四合院就不需要刻意遮蔽西北或东南风，而是尽量扩大院落空间，增加东西向的间距。在此，气候环境对建筑形态的塑造表现得非常明显（图3-19）。

◎图3-18 五院狭长的后院

日常生活的习俗也是合院空间形态的一个重要影响因素。北京四合院处于城市之中，自清代中叶以来，深受八旗子弟奢靡生活的影响，建筑中处处洋溢着浓厚的享乐气息。京城俗谚"天棚、鱼缸、石榴树；老爷、肥狗、胖丫头"，就是对四合院生活的极好概括。天棚是北京地区夏季为遮阳而在院中搭建的凉棚，金鱼和石榴树都是四合院中常见的观赏之物，几乎是家家必备。骄阳似火的七月，在天棚的遮蔽下，四合院中却凉爽宜人。主人悠然地坐在院子里品茗，远处石榴树上新果累累，身边鱼缸中龙睛漫游，脚旁胖乎乎的小狗安卧，还有体态丰满的大丫头侍立一侧，这是一幅多么温馨舒适的生活场景。这样的生活需求，自然带来了对建筑形式的要求，

◎图3-19 四合院防风保暖效果比较

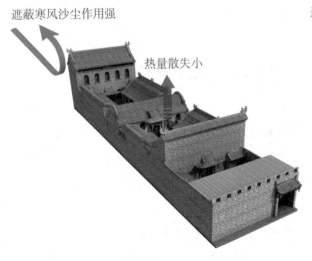

遮蔽寒风沙尘作用强

热量散失小

黄土高原地区四合院

遮蔽寒风沙尘作用弱

热量散失大

北京四合院

◎图3-20 北京四合院的宽阔庭院

而庭院空间的开敞便成为必然的选择（图3-20）。回到身处黄土高原的乔家大院就会发现，三晋之地自古民风俭省，不尚享乐。同时，乔家创业艰难，守成不易，主人对类似北京四合院这样的悠闲生活十分陌生。加之祁县一带类似金鱼、石榴之类的玩物难得一见，客观上也制约了此类生活方式的推广。在气候条件的制约下，乔家大院形成现有格局自然就在情理之中了。

## 建楼石木莫轻选

在建筑材料的选择上，乔家大院的地方特色同样十分突出。大院的建筑以木为骨，以砖为肉。营建住宅时，一般通过榫卯结构先搭建起木构架，然后于其外包砖，形成一个砖木混合体系。从外观看来，却基本看不到内部的木结构。尤其一院，小小的门窗、高耸的砖墙，俨然是一座砖制堡垒。与北京四合院相比，乔家大院显然封闭了许多。即使是后期的五院，虽然正房二层开敞明亮，但底层依旧相对封闭，保留

◎图3-21 一、五两院正房二层的封闭与开敞

扩展阅读：

### 风土民居
### 之福建土楼与广东碉楼

　　二者均为世界文化遗产，且具有显著的地方特色。福建土楼乃客家民居。客家人自北方迁移而来，在当地落脚后，为保卫自身安全便聚族而居，并营建了具有碉堡性质的集团式住宅。土楼的环形样式最为特殊，曾被卫星误认为飞碟、导弹的发射井，顿时世界闻名。广东开平碉楼则由早年下南洋谋生的当地人士致富归国后营建，其建筑风格具有明显的中西合璧特征，是主人人生经历的最佳诠释。

◎图3-22 一、五两院正房侧面的封闭做法

了浓郁的祁县地方特色（图3-21、图3-22）。

　　大院建筑之所以采用这种营建方法，同样源于当地的自然和社会条件。就自然条件而言，面对祁县冬日的严寒，四合院采用相对封闭的砖构是个相当不错的选择。首先，砖瓦

的保温能力远胜于木材。其次，尽量减少门窗的面积也是室内保温的有效手段。若论日常使用，则砖瓦也颇能持久。同时，黄土高原降雨少，天气干燥，易发火灾。因为砖瓦的耐火能力相对木材要好得多，所以多用砖构也是宅院防火的有效手段。就社会条件而言，祁县地方清末常年不靖。若遇匪寇来袭，则砖墙既能防止火攻，又可阻止破墙而入。综合来看，乔家大院采用内木外砖的混合体系显然是最理想的选择（图3-23）。

◎图3-23 砖木混合建筑剖切

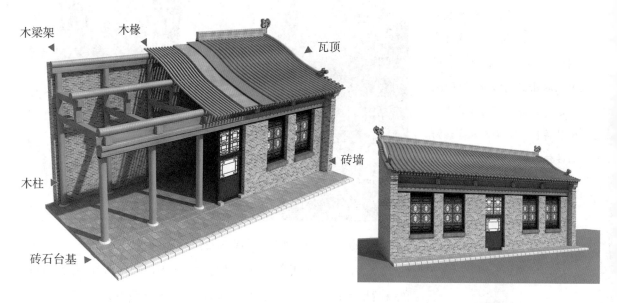

木梁架　　木椽　　　　　　　　瓦顶

木柱

砖墙

砖石台基

局部剖切　　　　　　　　　房屋原状

# 屋顶单双有区分

　　乔家大院的建筑形式独树一帜，同样具有浓郁的风土特色。当游人仰观大院时，一定会注意到那些形式独特的屋顶。乔家大院的屋顶可以分为三类：平屋顶、单坡屋顶和双坡屋顶，其中尤以单坡屋顶最具特色。大院内的双坡屋顶只用于高等级的重要建筑，如一院、五院的正房是带正脊的双坡屋顶，过厅则是卷棚式双坡屋顶，其余主要房屋均为单坡屋顶（图3-24、图3-25）。

　　乔家大院的单坡屋顶又可以分为两类。第一类出现很少，只在一、五两院的倒座楼上使用。其整体为单坡，屋面为常见的抛物线形式，但正脊后方还有短短的一层披檐。如果将其延长，俨然就是双坡顶了。这种在单坡顶上植入双坡元素的做法，生动显示出主人为炫耀财富与地位的良苦用心。第二类是院内单坡顶的主流，其屋顶弧线不是常见的抛物线形

◎图3-24 正房的带正脊双坡顶　　　　　　　　　　◎图3-25 过厅的卷棚式双坡顶及倒座的单坡顶

式，而是向上呈弓形凸起，带有折线的两段抛物线（图3-26）。这种形式宛如两个跳动的音符，具有强烈的节奏感和韵律感，似乎是设计师为了美观而打破常规的做法。与之相对的北京四合院则一般不设单坡屋顶，即使是小小的抄手游廊，也要做个双坡（图3-27）。那么，乔家大院此种屋顶形式的出现究竟有何缘由呢？其实，这同样和社会生活息息相关。

仔细观察乔家大院的单坡屋顶，就会发现其内部空间并非闲置。在下部作为起居空间的同时，上部会被分割出一个二层阁楼。这种阁楼不是用来住人的，在乔家一般用于储存杂物，在普通农人的居所则多用于存储粮食、农具等。既然是存储空间，就要有足够的高度以供人员、物品进出。一、五两院的倒座体量高大，因此二层空间相对充裕。然而，其他房屋的屋顶如果仍然采用与之相近的弧形曲线，就会因二层空间过于低矮而无法使用。聪明的匠师遂将屋顶的一根檩条

◎图3-26 屋顶组合及罗锅式单坡顶实例

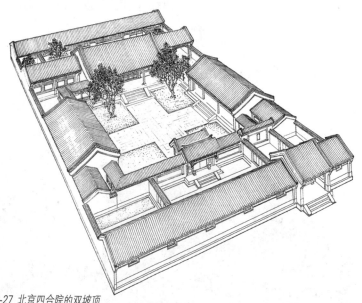

◎图3-27 北京四合院的双坡顶

**传统建筑的屋顶与等级**

中国传统建筑等级森严，尤其北方官式建筑更加明显。在明清时期，屋顶的形式是建筑等级的重要标志。最高等级称为庑殿顶，又称五脊顶，只能用于最高等级的建筑，比如故宫太和殿。其次是歇山顶，又称九脊顶，用于较为重要的建筑，比如天安门。再次为悬山顶，一般用于次要建筑。最后为硬山顶，多用于辅助性建筑或民居。另外还有攒尖、盝（lù）顶等形式，常见于园林和民居。此外，屋檐的层数和屋脊的有无也是区分等级的标志。双层屋檐称为重檐，在等级上要高于单檐；有正脊的屋顶，则高于无正脊的卷棚顶。在较低等级的悬山、硬山屋顶中，还可按单双坡来区分等级，其中双坡的等级高于单坡。

抬高，于是形成了现今的格局：一个弓形的双曲线（图3-28）。这种空间处理手法既非艺术加工，又非随意想象，而是完全来源于质朴的乡村生活。同时，它也是弥补宅院狭小、缺乏存储空间的一个巧妙方法。如前所述，祁县冬季寒冷。高耸的单坡屋顶不仅是挡风保温的有效手段，陡峭的坡度还有一个减少冬季积雪的好处，以防屋顶被沉重的积雪压垮。美国著名现代主义建筑大师沙利文的一句名言"形式追随功能"，可谓对乔家大院罗锅式单坡屋顶的极好诠释。与之相对的北京四合院，则是适应城市生活的一种悠闲去处，因为主人已无须为农事繁忙。同时，其院落开敞、房屋众多，院内也有足够的储物之地。因此，采用顶部低矮但圆润饱满的双坡顶也就顺理成章了。

◎图3-28 单坡与双曲线屋面比较

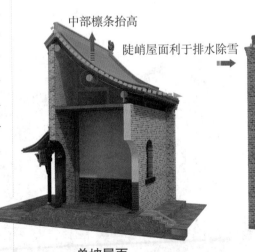

中部檩条抬高
陡峭屋面利于排水除雪

二层空间加大

单坡屋面

双曲线屋面

# 烟雨江南情

乔家大院是祁县土生土长的建筑，但正如明代著名造园家计成论述园林营造时所说的"三分匠人，七分主人"，主人的趣味与价值取向对宅院建筑的风格与形式有着直接的作用。乔氏族人自贵发公远走西口以来，后世子孙随着在中堂事业的拓展走遍大江南北，自然也把各地的风物见闻带回了大院。在别致的乔家大院中，以祁县特色为核心，各地建筑风格点缀其间，可谓五彩缤纷。其中最突出的就是在这黄土高坡之上的宅院中，居然出现了不少独具江南风韵的做法。

## 门楼中的姑苏风韵

门楼是乔家大院一种极具特色的装饰元素，各院的倒座、过厅、正房前均可见到木质门楼（图3-29），一些偏门前则为形形色色的砖质门楼。这种建筑元素在北京四合院中几乎从

◎图3-29 五院宅门的木质门楼
◎图3-30 一院宅门的木质门楼

◎图3-31 北京北海五龙亭的翼角起翘

◎图3-32 苏州网师园月到风来亭

未出现，山西也多见于中部的祁县、平遥、太谷等地，具有典型的地方特色。

此类门楼，尤其是木门楼其实脱胎于园林建筑中的亭子。亭子本身四面透空，利于通行。用在宅院时取其一半，贴附于门洞外的墙面上，既保留了装饰性，又能遮风避雨。乔家大院里装饰最华丽、雕刻最细腻、工艺最精湛之处就是各院的门楼（图3-30）。然而，这些门楼的外观同中国北方地区，尤其是影响力最为广泛的北京皇家园林并不一致。二者相比，最大的区别就在于翼角的起翘（图3-31）。所谓翼角，就是亭子向上翘起的四角，因为如飞鸟展翅一般，故而得此称谓。乔家大院门楼的翼角起翘很高，颇为张扬。而北方园林的亭子则多数平直和缓，显得更为低调。那么，乔氏门楼的渊源何在呢？跳出北方皇家园林的桎梏，当我们把视线转向江南，就会豁然开朗。原来，在江南的园林和民居中，大量的亭子与乔家大院的门楼在外观上几乎如出一辙。这些飞檐翼角有着极强的升腾之势，正如《诗经》所形容的："如鸟斯革，如翚（huī）斯飞"（图3-32）。

与此同时，在江南地区的园林和民居中，也会看到与乔

◎图3-33 上海南市书隐楼砖质门楼

家大院相似的门楼做法。江浙建筑的一大特色，就是在住宅或园林重要的门户位置安放一个砖质门楼（图3-33）。此类门楼同样贴门而设，整体介乎乔家大院的木门楼与砖门楼之间。二者的主要区别就在于材质和外观。江南门楼以砖质为主体，在材料的选择上类似乔家的砖门楼，但其外观则模仿木构建筑，与乔家的木门楼更为接近。

## 装饰里的水乡旧影

乔家大院中另有不少独具江南风韵的建筑细部（图3-34）。比如堡门，以及一、五两院倒座楼上的花窗形式，明显脱胎于江南园林中的什锦窗。虽变化有限，但依旧韵味十足。不少院门的砖雕门套、匾额等也同样可以在江南园林中找到源头之所在（图3-35）。而各院过厅、门楼中广泛使用的卷棚屋顶，也是江南园林的常见做法。此外，各院木门楼

◎图3-34 乔家大院的门窗套

◎图3-35 拙政园与谁同坐轩门窗

◎图3-36 四院跨院砖雕

的立柱基本都是方形的梅花柱，这也可视为江南遗风。在北京四合院中，与之类似的做法也很常见，其中游廊就是一个代表。

　　除建筑细部之外，乔家大院的各类装饰也与江南水乡存在着千丝万缕的联系，这在雕饰和彩画中表现得尤为突出。首先，四院跨院墙间的一块砖雕就呈现出南北交融的特征（图3-36）。其右侧是北方常见的凤戏牡丹，左侧则是江南常见的鹭鸶戏莲。明张时彻《江南曲》有："采莲复采莲，莲塘清见底。前有鸡鶄（jiāojīng）游，后有鸳鸯戏。朝随海潮来，暮随飞鸟去。生作江南人，惯识江南路。"所谓鸡鶄（jiāojīng），就是水鸟赤头鹭。一首诗生动地描绘出鹭鸶与江南水乡的关联。更明确的提点则为图案上方云中的日与月。日照山石、月洒水塘，北往南来，刚柔并济，皆在画中。其次，乔家大院遍布全宅的金青画中对江南风光进行了着意的描绘

◎图3-37 金青画中的水乡风光

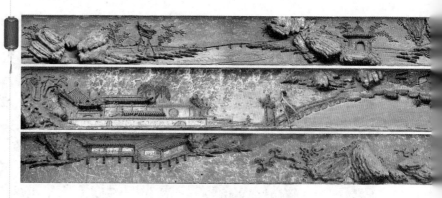

### 晋商在江南的生意

晋商货殖江南,最主要的业务就是茶叶与票号。祁县的茶叶贸易以渠家为魁首,渠家长裕川茶庄最兴盛之时,每股分红可达7000至8000两白银。日军侵华期间,曾一次性在长裕川院内挖掘出窖藏白银40万两,足见茶叶贸易的盈利之丰。就票号而言,江南也是晋商的主要投资地区。尤其在清末,伴随着上海作为远东金融中心的崛起,大批晋商进入其间开设票号。乔氏大德通在江南一带广泛设点,主要地区就有汉口、沙市、常德、苏州、上海。现今苏州城内还留有全晋会馆,其内建筑精美、装饰华丽,足见当时晋商实力之不凡。

(图3-37)。主人置身于这山川流水、亭台楼阁之间,仿佛骑鹤归扬、梦回苏杭,对水乡美景的倾慕与向往不言自明。

大院雕饰中尚有一种被称为汉纹的特殊图案,在当地彩画里则被称做汉纹锦(图3-38,本书"晋商族徽说彩画"部分将作专门介绍)。虽然汉纹在北京地区的雕饰中并不少见,但如乔家大院这般大规模地运用于各类装饰,则是典型的祁县地方特色了。实际上,这种图案在江南地区也比比皆是。如果把眼光放远,类似的元素还能在广东、云南等地找到。晋中与其他地区的汉纹之间有怎样的流布与传承,到目前为止尚不明了。如果汉纹是引入的,那么可能和晋商下江南有关。另一方面,也可能是清代中期大批北上服务的江南工匠所传。

◎图3-38 一院屋门脊部的汉纹

# 风水禁忌亦幻亦真

　　趋吉避凶、祈福迎祥是人类的本能。风水作为传统文化的一个重要组成部分，源于人们心灵最深处的逐利需求。伴随着社会的发展，我们虽然认识到其中一部分虚妄不实，但传统风水理论在数千年的历史长河中切实左右了先民的营建。大到城市和聚落，小到宅院和起居，无一不受到其深刻影响。在科学昌明的今天，风水理论已然退出了城乡建设的舞台。然而在居家生活中，其对人的心理影响并未消失。

# 先贤智慧　堪舆说略

　　风水，这个延续数千年的文化现象曾经一度沉寂。然而近年来，无论达官要人、商界精英，还是专家学者、普罗大众都对其产生了浓厚的兴趣。崇拜者有之，迷信者有之，批判者有之，鄙视者亦有之，各方意见可谓百家争鸣、百花齐放。那么，风水到底是怎么回事呢？

## 风水相术论古今

　　所谓风水，其实是一个俗称。风者，意为藏风；水者，志在得水，均源于传统的堪舆理论。堪同勘，意即勘察；舆本是车厢之意，后引申为疆域，所以堪舆其实就是相地、占卜（图4-1）。中国传统的相地术源远流长，西汉司马迁《史记》中即出现了堪舆家的称谓。堪舆理论自两汉勃兴以来，在发展过程中始终坚持"多学科交叉"的路线。在自然方面，大量吸收古代天文学、地理学等学科的相关知识；在社会方面，则广泛吸纳黄老哲学、道家思想，乃至民间信仰等诸多要素，最终形成了一个流派众多、内容庞杂的混合体系。传统风水术将理论与实践相结合，形成了独具中国特色的环境评价体系。具体而言，就是通过对气候、地质、地貌、生态、景观等环境因素的综合评价，为生者的地上建筑和死者的地下墓穴选取最理想的营建基址与模式。

　　风水理论从总体上可以分为两大体系，即形势宗和理气宗。形势宗源出陕西，主要以山脉、河流的走向、数量等因素为考量。因多与山峦有关，故俗称峦头派，后期主要以江

◎图4-1《钦定书经图说》载"太保相宅图"

西为大本营。理气宗源自汉代中原地区的图宅术，主要依靠罗盘，强调八卦方位与阴阳五行，后来盛行于福建地区。两宗长期并行不辍，且后期有逐步融合的趋势。但整体来看，仍然是形势宗占据上风。其原因主要在于形势宗的理论依托于客观环境，较理气宗更加直观易懂，自然更容易为大众所接受。

数千年间，上至帝王建都立庙，下到百姓起屋修祠，无一不受到风水理论的深刻影响。由于社会发展和科技水平的限制，传统风水理论没有、也不可能摆脱迷信的桎梏与羁绊，也不可能发展成为科学的理论体系。同时，出于维护从业者生存与地位的需要，堪舆往往不得不披上神秘主义的外衣。在很大程度上，这就导致了堪舆的荒诞与庸俗化。今日站在科学的角度加以审视，虽然其理论不乏无稽之谈，但依旧包含着很多值得重视与吸收的合理观念。尤其是人与自然和谐共处的思想，就具有突出的意义。面对这个由来已久的客观存在，扬弃之间大可仁者见仁、智者见智。但尝试着将其作为一种文化现象来剖析，定当有所斩获。

# 择地定向勘五诀

　　风水堪舆，核心就是择地。具体到房屋营建，首先要选取合适的建筑基址。按照比较流行的形势宗理论，择地的要点无外乎依据山水形势来判定吉凶，概况起来就是地理五诀：龙、砂、水、穴、向。其中"穴"，就是最终选定的基址，故而选址亦称点穴。"向"，则是建筑的朝向。而穴的确定，就依赖于对"龙""砂""水"三大要素的综合考量。

　　"龙"，即所谓龙脉，也就是自然的山脉。择地点穴时，要求来龙绵延聚结。最佳为北向山脉绵延，横向展开。中部山体即祖山或主山，需层叠圆润，忌尖利破碎，四周群山以左右维护为最佳。"砂"，即祖山周围作为辅弼对景的小山，主要起加强龙脉气势、藏风聚气的作用。砂山名目繁多，有以方位命名者，亦有以位置命名者。常见的有青龙、白虎、朱雀、玄武四方砂山，以及案山、朝山、水口山等。砂山外形以端正圆巧、平正整齐为上；位置以环绕穴位、散而不乱、绵延伸展、接续龙脉为最佳。如能左右对称，更是上佳形势。"水"即河流或水流，是人类生存的必要条件。一处合适的水源既要满足生活所需，又要安全可靠、远离灾害。如能宜景娱情，那就是上佳之地了。风水理论对水极为重视，有所谓山之血脉为水，水为生气、主财货之说。按照风水理论，河流宜位于基址南向，且不应径直流去，而宜曲折环绕，方可聚气留财。如在河曲之处，便以水流三面环绕为最佳，呈所谓金城环抱之势（图4-2）。实际上，小到民居宅院的水塘，大到紫禁城的金水河，皆由此而来（图4-3）。在实践中，综合评价"龙""砂""水"三条要素，方能完成点穴的工作。

　　最后的定向，一般要用罗盘来辨方正位（图4-4）。风水

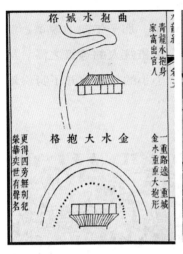

◎图4-2《水龙经》载"水势图"

◎图4-3 故宫金水河

◎图4-4 罗盘图示

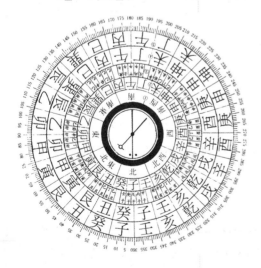

理论以子午线15度范围内为子午向,即所谓正向。建筑最佳的朝向即为面南背北的子午向,取与天地并驾齐驱之意。但传统社会中往往只有皇宫、寺观、孔庙敢于取子午向轴线,并刻意与之略作偏离。至于衙署、府邸等均偏离较多,庶民的宅院就更不必说了。其原因在于古人认为以平凡之躯与天地并列煞气太重,会招致祸殃,也就是俗话所说的"服不住"。自子午线偏移一定角度则相当高明,既满足了风水之说,又基本保持了南北向格局。

综合以上诸多要素,传统风水理论中的最佳选址原则随即昭然若揭:背山面水、负阴抱阳。此八字虽简单明了,却是数千年来劳动人民智慧的结晶,恰当反映了黄河流域的自然条件与应对措施。北向背山,四周有小山环绕,可防冬日凛冽的西北寒风,有益保温取暖。南向面水,可方便生产生活,同时也利于争取日照、营造良好的小气候。龙、砂、水、穴,可谓亦幻亦真。在华丽繁复的谶语掩盖之下,恰恰是

扩展阅读：

### 风水中的三龙

在风水理论中，中国所有的山脉都发源于昆仑山。昆仑山自西向东绵延而来，形成三龙入中国的格局（图4-5）。三龙，分别为黄河以北、黄河与长江之间以及长江以南的一系列山脉。虽然三龙的分法颇为粗略，但准确描绘出中国传统的黄河流域、淮河流域、长江流域三大经济区，反映出古人在地理学上的正确认识。

普通农人最淳朴、最深切的生活体验。那子午向的规章、煞气的背后也充分满足了君臣父子、神祇凡人的等级之需。虽然共享着温暖的阳光，却通过一个小小的偏角拉开了身份地位的天壤之别。

◎图4-5 华夷一统图中的区域划分

## 开门放水数九星

根据地理五诀选定基址，只是建宅的第一步。具体到宅院的营造细节，还要依靠众多的风水理论来规划。其中最具代表性的，就是对宅院内外形状的控制。宅外形，就是宅院外部的基本环境，仍依地理五诀判断，只不过更趋细致（图4-6）。如为方便生活，院落宜方正、北房宜高大、南北宜纵深大等。同时，门前不宜有直面大门的道路。最差的宅形称做"三愚之宅"，即地势前高后低、东南高西北低、背后有流水的宅院。宅内形则指宅院内部的房屋方位、高矮、用途分配，总体要求是尺度适宜、充实洁净。其中最核心的则是"开门放水"。"开门"，即院内各门的朝向与尺寸，尤以大门最为

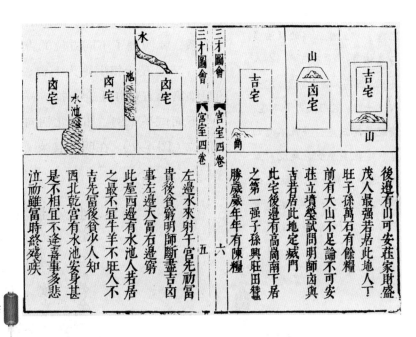

◎ 图4-6《三才图会》中的宅形

重要。同时，各院开门及正房门亦不可忽视。"放水"，即汇聚院内水流，并循一定的路径将之排出院外。要完成上述任务，最常见的堪舆术就是大游年法、穿宫九星法和截路分房法。

大游年法亦称九星飞宫法，其中九星源于北斗七星及其周边的辅弼二星，九宫则为八卦的八方加上中宫。这种方法适用于单进四合院，即所谓静宅。测算时以天之九星对应地之九宫，并通过五行相生相克的方法来推断吉凶。具体相法如下：首先将合院与后天八卦对应起来，接着以入口所在方向为"伏位"，并以伏位为起点，按照相宅口诀将诸星顺时针

**宅内形中的"三要六事"**

三要指门、主、灶,六事指门、灶、井、路、厕、磨,都是建宅的头等大事。《黄帝宅经》中五虚五实的说法多与之相关:"宅有五虚,令人贫耗;五实,令人富贵。宅大人少一虚,宅门大内小二虚,墙院不完三虚,井灶不处四虚,宅地多屋少、庭院广五虚。宅小人多一实,宅大门小二实,墙院完全三实,宅小六畜多四实,宅水沟东南流五实。"

◎图4-7 大游年法相宅实例

排布于各个宫位。由于八卦仅八个方位,而伏位又占据了一位,所以九星中其实只有七星参与其中。七星依次为生气贪狼木星、延年武曲金星、天乙巨门土星、祸害禄存土星、六煞文曲水星、五鬼廉贞火星及绝命破军金星,其中前三星为吉星,后四星为凶星。八卦中的乾、坎、艮、震、巽、离、坤、兑也有各自的五行属性。根据诸星与所处宫位在五行中的生克关系,就明确了不同方位的吉凶。在推演时还需注意,吉星临宫又遇五行相生则为上吉,遇五行相克则弥补了不祥。凶星临宫遇五行相生会有损吉祥,遇五行相克则为大凶。

下面试举一例。如南北朝向的宅院门开东南,则以巽位为伏位(图4-7)。在明王君荣《阳宅十书》中,与之相应的

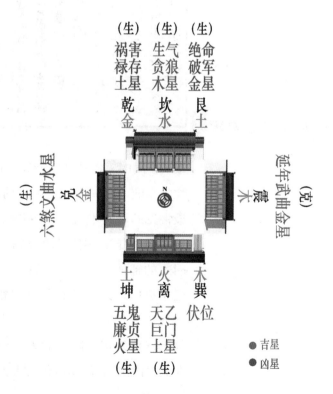

(生)　(生)　(生)
祸害　生气　绝命
禄存　贪狼　破军
土星　木星　金星
乾　　坎　　艮
金　　水　　土

六煞文曲水星　兑 金 (生)

延年武曲金星　震 木 (克)

坤　　离　　巽
土　　火　　木
五鬼　天乙　伏位
廉贞　巨门
火星　土星
(生)　(生)

● 吉星
● 凶星

口诀为"巽天五六祸生绝延"。头一个巽字代表伏位的宫位，其后则是星名的简写。诸星依次排好后，就可以判断各个朝向的吉凶了。经推断可知，这种坎宅巽门的合院仅东向震位有金木相克，却受到延年武曲金星的保护，诚可谓如意吉祥。因为大游年法只适用于单进合院，所以遇到多进合院，即所谓动宅时，就需要引入穿宫九星法或截路分房法。前者与大游年法类似，以宅门为伏位排布九星，再按五行相生关系，依次推演出中轴线上各房的星位。其中吉者宜高大，凶者宜矮小。正房遇吉星则为吉宅，如遇凶星，则增加宅院的进数，直至遇到吉星为止。当受限较多时，则采用截路分房法将各院以墙相隔，通过大游年法独立测算（图4-8）。

当宅内形基本确定之后，"开门"工作即告完成，此时就该了却"放水"之事。风水理论中水主财运、兴隆，不可轻易外泄，由此，排水道的设置就成为相宅的另一重要环节。一

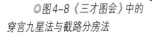

◎图4-8《三才图会》中的穿宫九星法与截路分房法

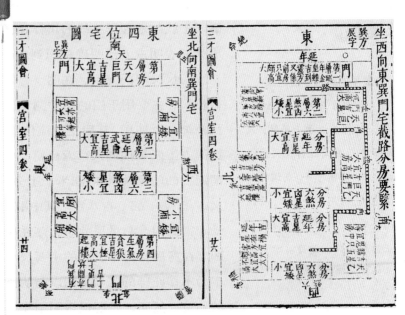

般而言，水道与河流类似，宜曲不宜直，故而祁县一带有盘龙水道的说法。除水道之外，最重要的就是整座宅院的最终出水口，其位置的选择要因宅院的内外形而异。

# 罗盘门尺谈工具

风水相宅中最重要的两件工具就是罗盘和门尺。罗盘是定向的关键，在宅院布局中亦不可或缺。作为指南针和方位盘的结合，罗盘在中国有着悠久的历史，是中华民族的伟大发明之一。早期的罗盘广泛运用于航海、交通、营建等诸多领域，其形式比较简单。伴随着风水术的兴起，罗盘的功用与样式日渐复杂。历代风水师在使用中的故弄玄虚，更使罗盘逐步披上了神秘的外衣。实际上，风水罗盘虽多种多样，但其核心却离不开三盘三针，即地盘正针、人盘中针、天盘缝针，通常用来推演龙、砂、水（图4-4）。三针中分别反映地磁子午线与地理子午线的正针和缝针是中国古代科技的一大成就，表明古人已明确认识到地磁偏角的存在。

门尺又叫门光尺，在明《鲁般营造正式》等匠书中亦称鲁班尺，主要用于门的尺寸测量（图4-9）。这种工具早在宋代便被广泛使用，其后主要流传于江南一带。至明清之际，大批南方工匠被抽调入京营建宫室，随之将门尺带入北方。明清通行的门尺约长46厘米，上分八格，分别书财、病、离、义、官、劫、害、吉八字。其中财、义、官、吉属吉，病、离、劫、害属凶。测量尺寸时，落在哪格，就以相应的字来定吉凶。在房屋营建中，门的主要尺寸必须落于吉格之内。门尺本为木作匠师的工具，用以与阴阳先生抗衡，从而抬高自己的地位。然而，后期很多阴阳先生也将其纳入囊中，大加利

扩展阅读：

**最早的风水罗盘记载**

南宋曾三异《因话录》有："地螺或用子午正针，或用子午丙壬间缝针。天地南北之正，当用子午。或谓今江南地偏，难用子午之正，故以丙壬参之。"其中明确提到了正针和缝针，是目前所见最早的风水罗盘记录。

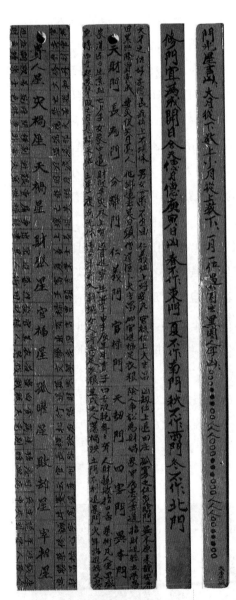

◎图4-9 门尺实例

用。因此，门尺的使用范围也从门扩大到家具、器物乃至房屋庭院。如《阳宅十书》所载："鲁班尺……非止量门可用，一切床房器物，俱当用此。一寸一分，灼有关系。"客观来讲，大门尺寸与主人吉凶很难对应起来，却与日常生活息息相关。如木匠有一则口诀："街门二尺八，死活一齐搭。"其含义为大门宽二尺八寸（约90厘米）时，可使轿舆、棺材等大型婚丧用具顺利通过。以门尺衡量，则该尺寸恰落于吉位或财位，属最佳尺度。由此可见，门尺所附会的吉祥尺寸，不过来源于普普通通的生活所需。

从罗盘到门尺，从择地点穴到尺寸控制，这些所谓的吉利本质上都源于生活实践，从而具有一定的科学性与可靠性。然而在封建时代，在民众以神灵信仰为核心的大背景下，科技不得不故作神秘，以便为大众所接受。久而久之，便形成了你中有我、我中有你的难舍难分之势。

## 禳解厌胜说符咒

风水术之所以能深入人心、广为流传，核心就在于其所强调的趋吉避凶功效。在风水理论中，除择地相宅之外，还有一类重要的内容——符咒。符咒源于古老的民间巫术信仰，在阴阳先生与木作匠师的推动下，形成了融风水术与营造禁忌于一体的完整体系。风水中的符咒分为三个大类，即祈福类、诅咒类与禳解类。祈福类广泛存在于各类建筑装饰中，不需多言。诅咒与禳解可谓一对矛盾，历来是相互制约、相

◎图4-10《鲁班秘书》中的咒符

互依存的。

　　诅咒类是符咒系统中最为神秘的一类，恰似西方的黑巫术，为《哈利·波特》等魔幻小说中以伏地魔为代表的反派角色所擅长。此类邪恶的符咒均秘不示人，且危害巨大。在《管氏地理指蒙》《阳宅十书》等正规风水典籍中，对此是不予记载的，原因自然是不可教人为恶。然而，在《鲁班秘书》等有关木作营造的秘密抄本中，对此则详细记录，且不遗余力地描绘出使用方法与效果（图4-10）。其咒恶毒异常，大都意欲主人家破人亡。如咒主人死伤的棺木咒："一个棺材死一口，若然两口主双刑。大者其家伤大口，小者其家伤小丁。藏堂屋内枋内。"咒主人牢狱的双刀咒："白纸画成两把刀，杀人放火逞英豪。杀伤人命遭牢狱，不免秋来刀下抛。藏门前白虎首枋内。"此外，还有诅咒劳碌穷困的牛骨咒、诅咒妻离子散的瓦片咒等等，不一而足。虽然现在看来，此类把戏无非是工匠保护自身的一种手段。但是，那些被大肆渲染的恐怖后果却足以引起时人的畏惧。在乔家一院前院东厢的彩画间，就有一个不易察觉的"小人"悄悄隐藏在成堆的博古图案中（图4-11）。画中似笑非笑的"小人"或许只是个纯粹的玩笑，或许真是工匠包藏的祸心。无论如何，经历了漫长的岁月后与之蓦然相对，总有一份说不出的疑惑。

◎图4-11 乔家大院彩画中暗藏的"小人"

◎图4-12 乔家大院石敢当集锦
◎图4-13 乔家大院影壁集锦

面对匠师暗下诅咒的强大震慑，主人一方面对其礼遇有加，另一方面自然也会去寻找对抗之法，禳解类符咒由此应运而生。此类符咒又称"厌胜"。"厌"通"压"，即对不祥之物压而胜之。它们一方面用于对抗可能存在的诅咒类符咒，另一方面也用于抵御各类难以避免的不吉事物。禳解类符咒大致可分为两类，其一是实物型，其二是文字型，在通行的风水典籍中多有记载。实物型符咒花样繁多，最常见的就是为抵御冲煞的泰山石敢当和影壁（图4-12、图4-13）。民国时期的《鲁班经》有："至除夜，用生肉三片祭之。新正寅时立于门首，莫与外人见。凡有巷道来冲者，用

扩展阅读：

**用于祈福的工匠巫术**

《鲁班秘书》中除诅咒类符咒外，还录有个别祈福类符咒，如保佑科举高中的桂叶符、保佑人口平安的竹叶符等。此类符咒依旧是匠师神乎其技的夸耀，所谓成败操于其手、吉凶决于一人。匠师要让主人知晓，顺其心意可使家宅安康、飞黄腾达，反之则可令其万劫不复。由此，主人更不得不对其曲意逢迎了。

此石敢当。"此外，还有脱胎于道教、号称具有辟邪镇妖功效的八卦镜、八卦牌、桃木剑等。在晋中的祁县、平遥等地，流传着一些独具特色的禳解符咒，如以砖砌成楼阁或影壁形式的风水楼或风水壁。按当地习俗，依大游年法相宅时，当处于吉位的房屋限于客观条件不够高大时，便需建造风水壁。风水壁可在不增加建筑高度的同时，通过局部调整来满足风水之需，不失为一种方便法门。在风水壁内需立所在星位，如坐宫巨门土星之位、坐宫武曲金星之位等。同时，禳解门之朝向、尺寸问题的五帝古钱等亦属此类。文字型的禳解符在内容和形式上多借鉴道教符咒。《阳宅十书》中辟有专门的"论符镇"一章，记录了数十种符咒，如五岳镇宅符、三教救宅神符、镇宅中邪气妖鬼作怪符等。其中特别推出的"镇宅内被人暗埋压镇"符咒，可谓急人所急、想人所想了（图4-14）。

◎图4-14《阳宅十书》中的禳解符

# 六合同春
# 乔宅风水细观

乔家兴盛于清代，鼎盛之时可谓呼风唤雨，风光无限。其宅院在满足生活所需的同时，更承载了主人庇佑子嗣、兴家旺族的期冀，自然少不了风水理论的指导。虽然按此营建的乔家宅院终究不能永保乔氏兴旺发达，但通过考察其风水格局，却能为我们打开一扇窥视古人社会生活与思想观念的窗口。以风水为舟，乘之畅游，不亦乐乎？

## 内外兼修看宅形

乔家大院位于祁县东北，属晋中平原地区。此处地势平缓、水源充沛、土地肥美，周边村落相望、人口稠密，是山西境内为数不多的安逸富庶之地。以现今的科学观点来看，如此有利生活的环境显然是择居的上佳之地。那么用先民笃信的风水理论来评价，结果又将如何呢？乔家堡北倚吕梁山，南望太岳山。昌源、伏西两河在堡南交汇，成三向环抱，恰为堪舆中最佳的金城环抱、玉带缠腰之势（图4-15）。《阳宅十书》对此的歌诀为："西有长波汇远岗，东有河水鹅鸭昌。若居此地多吉庆，代代儿孙福禄疆。"专以水流判断择地吉凶的清蒋大鸿《水龙经》对此有"水入金城"之说，即所谓"金水得地，子孙富贵"（图4-16）。同时也指出，面向宅基之水流必须蜿蜒曲折，方为水相；直挺冲撞而来则为木相，主大凶，即所谓"金星木来撞，子孙家倾荡"。观诸乔家堡选址，

扩展阅读：

**祁县民居的"两不择"**

在宅院格局中，祁县当地有"两不择"的说法，即不可选用不吉利的轿杆院和刀把院。轿杆院即东西两侧均有道路的宅院，居此形同坐轿，家中不留人口钱财。刀把院则宅南有路，形如刀把，使正房如坐刀刃之上，主死伤人口。考诸《阳宅十书》，类似轿杆院的宅形确实不吉，但类似刀把院的宅形则被视为吉宅，主子孙富贵。风水堪舆的内在矛盾可见一斑。

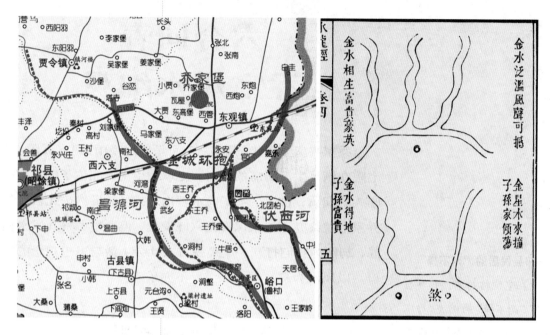

◎图4-15 乔家大院风水形势
◎图4-16《水龙经》载"水入金城"图

入金城之水均蜿蜒曲折，显然是水相的吉兆。

在此，神秘的风水理论与明晰的现代科学在宅基选择上取得了惊人的一致。风水理论真的如此神奇吗？事实上，这恰恰反映了其矛盾性。风水理论本质上是古代劳动人民在长期生产生活中的经验积累。前述水流的水木之相，乍听可能虚妄不堪。仔细分析则可看出，所谓木相水流即直线水流。如正对宅基，一旦洪水泛滥，必定会一泻千里，将人财尽毁，即所谓"子孙家倾荡"。与之相对，蜿蜒曲折的水流则可有效缓解洪灾，减轻祸患。至于子孙富贵之说，则显系谬论。其一，整个乔家堡村均在"水入金城"之地，岂能家家富贵？其二，如前所述，乔家先祖曾在创业中吃尽了苦中苦，且发迹之处也不在当地。因此，这些披上迷信面纱的朴素科学知识更需详加分辨，其中所包含的合理成分才能更好地服务于今人。

择地完成后就是宅院的定向。乔家虽富甲天下，还有些捐来的虚衔，但归根到底不过是草根家庭。既然非圣非贵，轴线自然不可取子午正向。借助现今的卫星地图，可以轻易测出乔宅中轴线与地理子午线的夹角为5度。与之相对，其周边佛教寺院的定向就明显不同。在乔家堡东南2公里的东观镇内有一座建于宋代、清康熙年间迁来的兴梵寺，其中轴线与子午线的夹角仅1度。乔家堡东北2公里处张北村内另有一座始建于元、清代重修的延寿寺，其正殿与子午向的夹角也不过2度。由此可见，风水理论对于祁县地区的建筑营造确实是影响深远。

　　如前所述，择地定向解决的是宅外形的问题，接下来则要讨论有关宅院布局的宅内形。就宅院的整体布局而言，祁县地区有不少禁忌，如跨院须设在主院东侧，其内安置灶台等。依风水理论，东属木、木生火。灶台安在东向俗称生气灶，主富贵发达、添丁进口。如置于西侧，西属金，则形成了火克金的不吉之兆。由风水理论而来的布局看似玄妙，细

◎图4-17 一院东侧的跨院

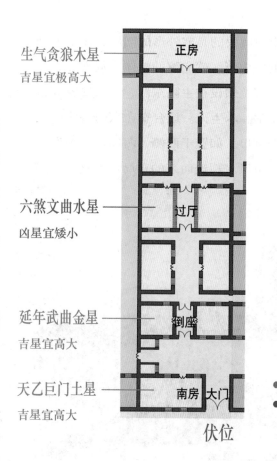

◎图4-18 五院风水格局分析

**生气贪狼木星**
吉星宜极高大

正房

**六煞文曲水星**
凶星宜矮小

过厅

**延年武曲金星**
吉星宜高大

倒座

**天乙巨门土星**
吉星宜高大

南房　大门

● 吉星
● 凶星

伏位

加分析则依旧源于日常生活经验的积累。晋中属黄土高原地区，冬季天干物燥、祝融横行，且盛行西北风。如将灶台置于西向，一旦失火必然会祸及正房，后果不堪设想。反之，灶台设于东侧则正房平安，自然丁口不损（图4-17）。

# 大院穿宫论高矮

以晋中通行的阳宅相法对乔家大院的空间格局进行分析，可知风水理论所起的重要作用。至于其核心要素，则离不开宅院的开门位置、房屋分布和屋宇高度。其中一院、五院是乔家年代最老、规模最大的两个宅院。二者空间布局类似，均建成于清光绪年间。以最为华丽的五院分析。此院为北方典型的偏正式四合院，主院在西，跨院在东。五院本为两进，因光绪年间加盖了外跨院而形成目前的三进格局。因此，五院乃动宅，当以穿宫九星法相之。相对主院而言，五院大门开于东南巽位。院落正房均坐北朝南，即为坎宅。在整体上，五院便形成了坎宅巽门的最佳风水格局。以巽位为伏位分布九星，则外跨院南房的星位为天乙巨门土（图4-18）。依五行相生的顺序，土生金，金生水，水生木，则自南向北的倒座、过

倒座　前院厢房　过厅　　　后院厢房　　　　　　　　　　　　正房

◎图4-19 一院的步步高升格局

厅、正房星位分别为延年武曲金、六煞文曲水、生气贪狼木。

　　星位推演完毕，即可依各星之吉凶定出相应屋宇的高度。通常来讲，吉星所在房屋宜高大，凶星所在房屋宜矮小。当地还有个习俗，就是中轴线上的房屋自外而内逐步加高，寓意步步高升（图4-19）。然而受到星位吉凶的影响，个别屋宇在高度上仍会有所调整。如天乙巨门土星虽为吉星，但外跨院南房为后期加建，仅起陪衬作用，又是步步高升的基础，故仅设单层。延年武曲金星和生气贪狼木星为吉星，故倒座、正房均设二层，在宅院中最为高大。同时，后院正房处于步步高升的顶峰，又需凸显主人的权威与地位，于是通过增加层高、抬高屋脊的方法来超越倒座。六煞文曲水星为凶星，处于其位的过厅在高度设置上则颇值得玩味。首先，过厅虽在倒座之北，却也不顾步步高升，仅设了单层。其次，过厅在

扩展阅读：

## 李约瑟论中国人与风水

著名汉学家李约瑟博士在其名著《中国科学技术史》中，曾论及风水理论对中国人的影响："'风水'在很多方面都给中国人带来了好处，比如它要求植竹种树以防风，以及强调住所附近流水的价值。但另外一些方面，它又发展成为一种粗鄙的迷信体系。不过，总的看来，我认为它体现了一种显著的审美成分，它说明了中国各地那么多的田园、住宅和村庄所在地何以优美无比。"

◎图4-20 五院西侧全景——"元宝院格局"

整体高度和体量上又超过了前院厢房，以附会步步高升之说。最后，前院厢房不甘落后，在顶部增设了高耸的烟囱，以烟囱划定的绝对高度与过厅抗衡。这样既保证了宅院整体视觉感受的逐步升高，又通过细部变化来满足风水理论对凶位房屋宜低矮的要求，令人对古人的智慧与变通叹为观止。实用主义和理想主义在此水乳交融、和谐共处，中国传统中庸之道的奥妙可见一斑。

爱刨根问底的读者在此可能会问，在光绪年间的扩修之前，乔家老院的风水格局又如何呢？未增设外跨院之前的一、五两院在当地称为元宝院，其形象是两头高、中间低，且中央过厅采用卷棚顶。圆圆的房顶配上两边高翘的二层建筑，活脱脱一个大元宝，光这个样子就足够喜庆了（图4-20）。谈到具体的风水格局，两院当时均为南向正中开门的两进四合院。按照《阳宅十书》的说法，正南为离位，此处开离门，属金，为吉星延年武曲金星之位。按五行相生的理论，过厅和正房依旧为六煞文曲水星和生气贪狼木星，与现今格局一致。

正房　　　　后院厢房　　　　过厅　　　　前院厢房　　　　倒座

由此可见，在乾隆、同治间的两次宅院修建中，风水理论起到了至关重要的作用。到光绪年间，主人改建宅院时仍然保留老院格局，也就可以理解了。

# 小院游年定吉凶

大院看毕，转身就是南向的二、三、四三座小院。这三座小院与大院类似，均为偏正格局，唯主院仅一进。因此，三者皆为静宅，可以大游年法相之。从风水角度来看，二院和四院门开东北，为一种类型；三院门开正北，为另一类型。以

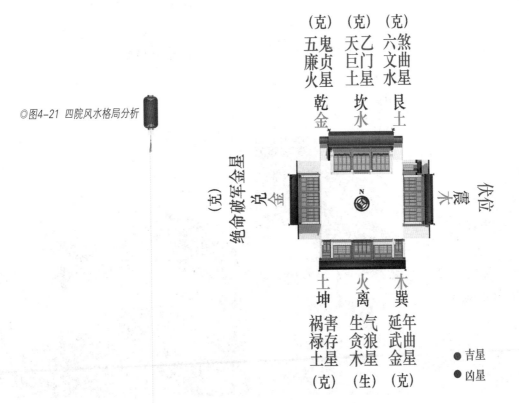

◎图4-21 四院风水格局分析

（克）（克）（克）
五鬼　天乙　六煞
廉贞　巨门　文曲
火星　土星　水星
乾　　坎　　艮
金　　水　　土

绝命破军金星　兑金　（克）

伏位　震木

土坤　火离　木巽
祸害　生气　延年
禄存　贪狼　武曲
土星　木星　金星
（克）（生）（克）

● 吉星
● 凶星

四院为例,其东北向的大门开于跨院,通过跨院方能进入主院(图4-21)。根据截路分房之说,由于主、跨两院有墙相隔,二者便应分隔开来,各自测算。此时主院院门居东,构成离宅震门格局。以大游年法相之,震位为伏位,则南向生气贪狼木星与离宫之火相生,属大吉;北向天乙巨门土星为吉星,但土与坎宫之水相克,属次吉。无论如何,中轴线上的重要房屋均在吉位。三院则为离宅坎门格局,南向延年武曲金星为吉星,但金与离宫之火相克,属中吉;北向伏位为小吉。虽不占大吉,但这里的重要房屋亦在吉位。

风水格局分析完毕,问题随之而来。细心的读者会发现,这三座院子在中轴线上的房屋明明南向为大吉、中吉之位,又是宅院的正房,为何却偏偏采用颇显低矮的平顶?(图4-22)而北向为次吉、小吉之位,又仅为倒座,为何反倒盖出了高高的坡顶?(图4-23)这个问题颇有趣味,再次凸显了

◎图4-22 四院正房
◎图4-23 二院侧影

扩展阅读：

## 女儿墙

女儿墙即女墙，是城墙或平屋顶周边高起的矮墙，可以起到增加墙高的作用。墙间有孔的也称"睥睨"，可在其后窥视。"女墙"之名，源于其与城墙相比的卑小地位。东汉刘熙《释名·释宫室》有"比之于城，若女子之于丈夫也"。

古人务实与变通的完美结合。出于安全考虑，乔家堡四周墙垣高耸，宛如一座壁垒。二、三、四三院正房的南侧均完全封闭，没有对外开窗。然而在中国北方的气候条件下，只有坐北朝南的房屋才最为舒适，在采光、保温、通风等方面也略胜一筹。因此，南向虽为正房，居者的生活质量却不如坐北朝南的倒座。为充分容纳人口、存放物资、方便生活，这三座宅院的倒座便建出高耸的坡顶，俨然在充当正房使用（图4-24、图4-25）。

生活舒适之余，风水理论的约束却仍然存在。按照吉位房屋宜高大的谆谆教导，正房就算不甚如意，也理应高于倒座。然而如前所述，正房的居住条件并不理想，增建二层自属不智之举。那么在倒座坡顶高耸于前的情况下，正房又如何满足高大之需呢？在此，聪明的匠师再次想出了一个两全之策：增设眺阁（图4-26）。在三座宅院正房上增建的眺阁，一

◎图4-24 三院倒座
◎图4-25 四院倒座

方面满足了巡视守卫的通行需求，另一方面一举使正房在绝对高度上超越了倒座，构成了理想的风水格局，与一、五两院过厅的处理有异曲同工之妙。为进一步彰显正房的地位，其北向不仅增加了华丽的门楼，而且在平顶上高高耸起一面雕饰精美的女儿墙（图4-27）。坚持理想的同时亦不妨碍改善生活，先贤的智慧依旧值得我们汲取。

◎图4-26 三院眺阁
◎图4-27 二院房屋高度的
灵活处理

倒座　　　　　　　　　　　女儿墙　　眺阁

# 不可不察
# 乔家营建风俗

习俗与禁忌，源于先民长期生活经验的积累。在生活中，非比寻常的事物总会引人注目，甚至被传为神异。当封建礼法、等级制度逐步渗入其中之时，二者已然演变为一种民俗文化，在潜移默化中塑造着人们的精神与物质世界，并指导着人们的思想和行为。

## 太岁头上莫动土

华夏文明以农业为核心，对于作为农人根本的土地历来礼遇有加。大到帝王治国，小到百姓齐家，均有一套完整的祭祀仪式和设施。具体到营室建屋，首先自然要破土动工，于是引出了必不可少的"动土"祭神仪式。说到与土地有关的神灵，人们首先想到的肯定是温和慈祥、笑容可掬、保佑家宅平安的土地公公和土地婆婆。在乔家各院中，也都少不了这二老的位置。

然而在民间习俗中，与破土动工关系更加密切的却是一位凶神，也就是所谓的太岁。宅院营建是否顺利，乃至日后能否安居乐业，均取决于这位凶神。在相关信仰中，修造动土是绝对不可以冒犯太岁的。由此，"太岁头上动土"之语才从对神灵的大不敬衍生出胆大妄为之意。那么太岁究竟有何恐怖之处，以致于让人敬畏如斯？来看看历代文献对于这位凶神的记载。唐段成式《酉阳杂俎·续集》记载了一则因触犯太岁而家破人亡的轶事。文曰："莱州即墨县有百姓王丰兄弟三人。丰不信方位所忌，常于太岁上掘坑。见一肉块大如斗，蠕蠕而动，遂填，其肉随填而出。丰惧，弃之。经宿，长塞于庭。丰兄弟奴婢数日内悉暴卒，唯一女存焉。"

如果说上文中的王氏兄弟多少还算贸然行事、自取祸殃，那么下面辑录的另一则记载就更加血腥了。太岁不光对冒犯者施以报复，甚至会给无关人士降下无妄之灾。金元好问《续夷坚志·土中血肉》载："何信叔，许州人，承安中进士。崇庆初，以父忧居乡里。庭中尝夜见光，信叔曰：'此宝器也。'率僮仆掘之，深丈余，得肉块一，如盆盎大。家人大骇，亟命埋之。信叔寻以疾亡，妻及家属十余人相继殁。识者谓肉块太岁也，祸将发，故光怪先见。"

两则轶事将太岁这位神灵的凶暴残忍描绘得有声有色，仿佛任何触犯他的人都不免血光之灾（图4-28）。因此，民众对用于安抚太岁的动土仪式倍加重视，也就可以理解了。

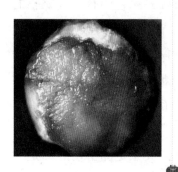

◎图4-28 太岁实物

# 谢土偷修求平安

迫于太岁之威，早年凡动土均须举行谢土仪式，以酬谢太岁神、土地神，保佑一切顺利、阖家安康。此类仪式按简繁程度有所谓小安和大安之分，均具有强烈的神秘性。尤其是大安，需要由专业阴阳师主持完成。通过与当地资深阴阳师的交流，现将一些密不外传的献祭方法呈现于此。

小安主要用于常规工程，献祭的供品相对普通。晋中地区流行的供品包括：花供（镶嵌红枣的蒸馍）、面盘子（蒸时垒好的五个蒸馍）、全香（一整把香）、全表（玉圭状黄纸十份，内置蛤蟆状金箔）、灯（小红蜡烛）、酒、四果（四种瓜果）、茶、纸元宝、布三角红旗、素菜、鲜花、肉臜、豆腐等（图4-29）。献祭时将物品依次摆放于供桌之上，摆放位置为神位、花供、素菜、酒、茶，灯置于香炉两边，成把点燃（图4-30）。祭祀时间一般选在正午，取阳气最盛之意。主持人可为职业阴阳师，亦可为工程主持人。

大安亦称祭天堂，多在施工中出现死伤等重大事故时举行。旧时民众普遍认为此系冲撞太岁所致，凶险异常，所以较小安愈发隆重神秘。大安的主要供品除小安所用之外，还有活羊、活鸡等，献后即在神位前宰杀。所用花供、香、表等均以小安的五倍供奉。此外，还须准备新筷子、新杯子等，

◎图4-29 山西民间花供　　　　　　　◎图4-30 用于献祭的香案

**太岁成了菜**

时至今日,人类发射的太空飞行器早已飞临木星,太岁头上的神秘面纱亦被揭去。经科学研究证明,土中令人毛骨悚然的太岁,不过是一种古称"肉芝"的黏菌复合体。事实上,其身份亦曾被古人识破。明李时珍《本草纲目·菜之五·芝》有"肉芝,状如肉,附于大石。头尾具有,乃生物也",与"久食轻身不老、延年神仙"的各类灵芝并列。同在"菜"卷的还有木耳、紫菜、冬瓜等。对照之前的恐怖记载,那不可一世的太岁居然沦为菜肴,令人莞尔。

以示对太岁神的尊敬。由于害怕外人冲犯,大安须在午夜子时进行。阴阳师尚须沐浴更衣、念破土咒来解禳消灾。

在中国传统的风水理论中,太岁与星象和方位直接相关,由此也衍生出一系列趣事。古人通常以木星为岁星,另虚拟出一个太岁星。太岁星位于与木星相对的方向,二者在黄道带内相对而行。前面提及的土中太岁,就是天上太岁星在地下的显现。由于太岁星每年所处方位不同,其所在位置就成为不宜动土之地。然而,民间尚有所谓太岁宜坐不宜向的说法。如太岁在西南方,则此年坐西南向东北的工程可以开工,反之则不宜开工,即不可面向太岁。如执意修造,即为冲撞太岁,属大不吉。然而,此类情况在现实生活中往往难以避免。聪明的古人于是又想出一个自圆其说、便宜行事的妙法,即趁太岁出游之日偷修。原来太岁无须日日当值,甚至还有假期。俗信太岁甲子日东游、丙子日南游、庚子日西游、壬子日北游、戊子日中游,即逢"子"出游,逢"巳"回位。在太岁出游之日,工匠可在本不宜动土的方位快速修造,即所谓偷修。这种民间信仰与现实需求的相互妥协,可称中国传统文化的一大特色。

# 立木造梁禁忌广

完成破土起基之后,宅院建造中最重要的阶段就莫过于立木上梁了。中国文化历来讲究天人合一,盖房子自然也不例外。对于木结构房屋而言,柱、梁就像人的骨架。尤其位于正中的脊檩(俗称大梁、中梁)宛如人的脊梁骨,更是重中之重。于是乎,五花八门的仪式和禁忌便随之而来。其中的仪式,大致有立柱、选材、伐木、制梁、祭梁、浇

◎图4-31《点石斋画报》载"少妇骑梁"图

扩展阅读：

### 少妇骑梁的轶事

据清末《点石斋画报》所载，某地一家人建房，择吉日上梁时，各路宾客云集。正当大梁刚刚安放到位，仪式就要顺利完毕之时，突然有一少妇冲出人群，手攀脚蹬爬上大梁。只见少妇竟叉开双腿骑坐于梁上，口中污言秽语直奔主人而来，且句句不离床第之事（图4-31）。少妇前后于梁上骑坐谩骂了一整天，居然毫不疲倦。按照传统习俗，上梁之时绝对禁止女性在场，如犯忌则属对神灵的大不敬，须作法驱邪。而这种骑梁谩骂的诅咒则过于恶毒，远非作法可以化解，此新宅日后能否安居都成了问题。宾客们在下面看得目瞪口呆，纷纷猜测主人不知为何开罪于此少妇，居然惹来如此恶毒的报复。而主人呢？想来已经被气得不省人事了。

梁、上梁、抛梁等，禁忌则包括忌冲撞鬼神、忌污秽、忌女性接触等。

新宅立柱时，往往要在柱下压置一些用红布包裹的钱币。红布意在辟邪，钱币则意味着招财进宝。柱下乃房屋的"根基"所在，此处压钱寓意主人家中自打根基上有了钱。这样美好的祝愿，老百姓自然喜闻乐见。时至今日，一些老院翻修时，房基柱底还常会发现此物。

在宅院的建造中，有关大梁的仪式最为重要。古人历来有"欲善其事，先利其器"的说法，所以一开始就必须为制梁选择一根特别的木料。在祁县地区，传统以质地坚实的椿树作为首选。结合民间将椿树视为树王的信仰，这一选择就愈发耐人寻味了。同时，民间"春节五更乞长"的习俗更明确了椿树的地位和用途。乞长的目的是借椿树的树王之威，为孩子求一个高个头。方法是大年初一孩子起床后一声不响，先去紧紧抱住椿树，同时唱《椿树王》童谣："椿树椿树你是王，你发粗来我发长。你长粗来做房梁，我长长来穿衣裳。"

材料选定后，早年还有进山伐木的仪式。伐木匠开始砍伐时，往往会唱诵各类吉祥歌谣，以驱邪祈福。如"火炮一响惊四方，鲁班弟子造新房。左手提起宣花斧，右手提起锯子梁。东山去找金银树，西山去找金银梁。将那树儿砍回转，好给主人建新房"，"秀木长成万丈长，今日取来做栋梁。五色祥云来拥护，儿孙富贵进田庄"等。木材运回工地后，尚有诸多禁忌，如必须水平放置在木架上，绝对不允许有人自大梁上跨越、不允许面向大梁说不吉之语等。

具体到大梁的制作，同样有不少讲究，其中最核心的就是阴阳之分。祁县民居以三至五开间为主，屋顶正中的脊檩自然也要分作三至五段。每段结合之处，就要用到榫卯结构。在榫卯结构中，榫俗称榫头，其端部凸出，是男性的象征；卯俗称卯口，其端部凹入，是女性的象征。榫卯相交，就能稳稳地把几段大梁连接起来。每段大梁制作时，一端为榫，一端为卯，意即阴阳和合，子孙绵延。因此，绝不能出现两端一样的做法。在梁的摆放方位上，同样有严格的规定。房屋如坐北朝南，则大梁安置以东为上。此时榫头必须面向东方，为梁头；卯口则面向西方，为梁尾（图4-32）。俗信如此才可

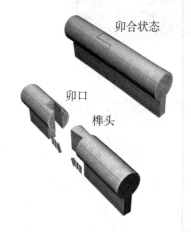

卯合状态

卯口

榫头

◎图4-32 榫头与卯口结合示意

保家宅太平、子孙安康。事实上，这不过源自男尊女卑的封
建思想。

## 上梁大吉讲究多

　　通过木匠们的一番辛苦，到屋架基本完成时，最隆重的
上梁仪式就此开始。阴阳师选定吉日后，仪式便于当日的正
午时分举行。在祁县地区，阴阳师或大木匠师要给早已备好
的大梁披红挂花，行祭梁之礼。披红即用三尺红布披在梁之
中部，挂花就是在梁之中央钉放各类辟邪祈福的物品。相关
镇物包括桃木弓箭、柏叶、镜子等，用以震慑妖魔、保佑家
宅平安；祈福之物则有五谷、铜钱等，寓意五谷丰登、财源
广进。在大梁中部，还要粘贴红纸，上绘太极图，或书"上
梁大吉"等吉语（图4-33）。给大梁披红挂花的同时，要于房

◎图4-33 大梁镇物

前设置香案，其上香烛纸马、供品齐备。

一切办妥之后，就由木匠师傅或阴阳师来唱诵上梁歌，常见的歌词有"先点麻鞭后点炮，左邻右舍全来到。今天天气真晴朗，我和主家来上梁"，唱诵之时要上香敬酒。随后木匠师傅开始浇梁仪式，方法是一边唱诵浇梁歌，一边自梁头到梁尾浇酒。浇梁歌同样是祈福之歌，如祁县当地的"浇梁头、浇梁头，后辈儿孙做王侯。浇梁中、浇梁中，金榜题名状元公。浇梁尾、浇梁尾，子子孙孙占高魁。中梁经过百年晒，长在深沟超过崖。上段老寿星做了龙头杖，下段程咬金裁了开山钺。剩下中段做中梁，不粗不细不长不短真适当。今日鲁班爷他不在，他老人家派我上梁来。"

随后是最后的上梁工作，一般用绳索将大梁水平提升上去。提升之时，东边梁头要略高于西边，取东向大吉、东青龙压西白虎之意。提升时木匠师傅还会唱诵上梁歌："中梁本是一条龙，摇头摆尾往上升。上得梁，观四方，主家房屋正朝阳。房屋盖在凤凰台，万事如意能生财。地基是泰山的石，梁柱是华山的木，顶天立地是主家的福。"当大梁提升到位、安置妥当之后，木匠师傅会站在大梁之上，自上而下抛撒各类食品、糖果，让下面的主人及邻里接取，即所谓抛梁。抛撒食物之时，还有抛梁歌谣"东一把，西一把，鲁班爷弟子怀里揣一把。接得住是荣华富贵，接不住是富贵荣华"等，不一而足（图4-34）。意为新居落成，主人邻里分享福禄，以示庆贺。至此，房屋营建中最繁杂的上梁仪式方告结束。随后就是主人犒劳工匠，宴请邻里，一席尽欢，自不必言。

看到这里，有的读者可能会问，其实上梁本身并不复杂，其中的仪式和禁忌何以如此神秘而繁复？除了传统鬼神信仰这个大背景之外，其奥妙依旧在于主人、木作匠师和阴阳师

扩展阅读：

### 暖房的习俗

祁县一带在新房建成后，还有一种称为暖房的习俗。主人要选定黄道吉日，在新宅内宴请亲友。正午时分，主人摆设香案祝颂一番，随后鞭炮齐鸣、杯觥交错。待到大家尽兴而归时，新宅已暖，可以正式居住了。然而，如果此宅是为新婚夫妇准备的，则依旧不可马上入住，须由其父母居住一段时间方可。其含义在于爱护子女，防止任何残存的不吉事物影响新人。舐犊情深，可见一斑。

◎图4-34 上梁仪式

之间的利益平衡与博弈。封建社会中的手工业者和阴阳先生社会地位普遍不高。与相对富裕、有力量起基盖房的主人相比，他们通常处于弱势。如果不故弄玄虚，他们就很难震慑主人，保证自己的利益。通过一个个仪式的举行、一段段歌谣的唱颂，匠师和阴阳先生给予主人无尽的美好祝福，主人听了必定是心花怒放、志得意满，自然会善待匠师。同时，二者通过强调与神话人物鲁班的关系，赋予自身以超自然的神秘力量，由此也抬高了身价、神化了技艺、确保了收益。微妙的社会平衡由此构建而起，延续千年。

# 晋商族徽
# 说彩画

　　大约在清代晚期，晋中豪商的宅院里流行着一种名叫"金青画"的彩画。所谓"彩画"，就是传统木结构建筑表面的装饰画，既能增加建筑的美感，又起到保护木材的作用。出现在晋商大院里的这种彩画由表及里都体现出山西富商巨贾这一特殊群体的喜好，从而成为十足的晋商"族徽"。乔家大院现存的金青画大致绘于清末到民国初年，特征是保存完整、体系完备、等级分明。想要窥探乔氏家族乃至晋中豪商的精神世界，这个实例诚可谓不可多得。传统金青画的等级是按照用金量和工艺的复杂程度来划分的。在从高到低排列的大金青、二金青、小金青和刷绿起金四个等级里，高等级的金青画通常不分主次地遍铺各类纹饰，把封建商人堆金积玉的生活和铺张炫耀的心理充分展现在世人面前。

# 堆金积玉金青画

金青画最突出的特点就是大面积的用金和强烈的立体效果，夺目的光亮把朴素的木头房子装饰得像天宫楼阁一样耀眼。眩目的金饰象征着晋商对荣华富贵的追求，蓝绿的色彩形成了玉石般的效果。在宏伟的大院里，财力已达巅峰的乔氏家族便通过这种彩画创造出"堆金积玉"的具体形象。在金青画的发展过程中，清代好古之风与晋商豪奢风习的影响，使之呈现出雅俗并存的双重文化属性。独特的汉纹锦图案便以古雅的形象成为金青画中的装饰母题，它的流行代表了清末晋中商人的文化风尚，亦揭示出商人阶层在社会转型期的特殊心理世界。

## 分两段 铺金银

在传统木结构建筑里，檩、枋、梁一类的构件面积较大，也是金青画装饰的重点。这些构件上的金青画一般由两端的"截头"和中央的"空子"两部分组成，空子的长度约占整个构件长度的70%（图5-1）。受到构图的影响，这些金青画好似镶嵌着画框，如长卷般展开的横幅。金青画的截头一般由代表性图案"汉纹锦"及其环绕的"菊花盘"构成。菊花盘形式多样，方、圆、高、矮无所不包，在装点构件的同时，也起到了控制截头比例的作用。事实上，传统画匠调整截头比例的手法非常灵活。为了增减截头的长度，他们会将菊花盘去掉，仅对伸缩自如的汉纹锦图案进行处理（图5-2）。空子的题材主要有人物故事、楼阁山水、花鸟鱼虫和博古图案四

---

**扩展阅读：**

### 祁城泥人

祁城泥人，祁县第一批市级非物质文化遗产，源于祁县西六支乡祁城村，至清末蓬勃发展。其村"家家善塑、户户会彩"，泥人类型包括人物、飞禽、走兽等，做工十分精美。金青画堆金中的微型雕塑，显然与这一特色工艺有关。

◎图5-1 金青画中的截头和空子

截头　　　　空子

◎图5-2 不绘菊花盘的截头

◎图5-3 金青画纹饰的堆金做法

种类型。画栋雕梁的宅院能够以一种相对委婉的方式来展现自身的地位，因而晋商往往不惜工本，高价聘请知名匠人，且不论造价多高、时间多长，唯求尽善尽美。在金青画的空子中，构图推敲的细致、纹饰种类的丰富，以及宛如实物的精妙刻画都显示出传统匠帮工艺水平的高妙。

晋中豪商为夸富而产生了大面积铺金的需要，彩画的表现便在用金上大做文章。在图与底的表现中，主体纹饰的用金手法有堆金、片金等。所谓"堆金"，是先像雕饰一样塑出所需形体，再于形体表面贴金的做法。乔家大院堆金的花卉凸起极高，仿佛从构件中绽放出来；各式各样的建筑则在檐下形成阴影，仿佛真正的亭台楼阁一般（图5-3）。立体化的堆金融雕塑与

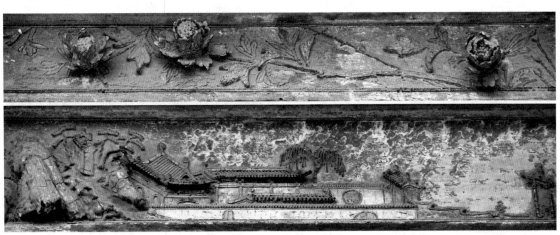

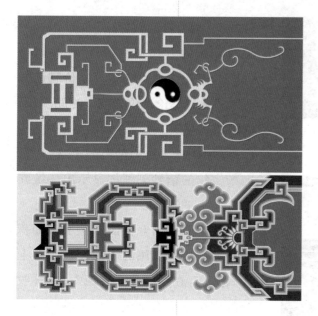

◎图5-4 金青画纹饰的片金与展退

◎图5-5 金青画底色的平金与蒙金

彩画于一体，既突破了平面图案的局限，又大大增加了贴金的面积，成为金青画最显著的特色。"片金"则为沥粉加贴金的做法，同样意在将平面的彩画向立体发展。所谓"沥粉"，就是将糊状的粉浆粘于木构件表面，使之微凸于画面的做法，此后即可在其上贴金（图5-4）。沥粉在中国传统建筑彩画中源远流长，不算晋商的独创，但堆金之法无疑是青出于蓝而胜于蓝。在金青画里，甚至用色也通过"展退"来追求立体效果。所谓"展退"，就是通过同一色相由浅到深的明度变化来产生深邃的立体感。甚至在以展退为中心的图案中，也离不开明晃晃的金饰。

金青画纹饰的衬底主要通过平金、蒙金等做法产生金银般闪亮的效果。所谓"平金"，就是平面贴金箔的做法，

**汉纹的归属**

古建专家刘大可将汉纹归入"周铜盘铭，汉瓦当纹"一类的博古图案中，也就是青铜器、瓷器、玉石、书画等古玩类纹饰。在清初唐九经为陈老莲所题的《博古叶子》中，同样有"汉瓦秦铜"的说法。乔家大院金青画的博古图案中，甚至有篆书的"汉瓦当纹"四字。

仿佛拿百元大钞当壁纸一般（图5-5）。这种源自清代宫廷里的奢侈做法，就连故宫也没有多少实例。"蒙金"做法则别具一格，说金而不见金，其实是在白、黄、赭、绿等浅色底上罩一层可以反光的云母片或蛭石。通过造价较低的云母片与各种色彩的配合，蒙金就能在丰富用色的同时，产生闪闪发光的效果，故而在金青画中得到了广泛的应用。乔家大院的蒙金喜用白色来营造银装素裹的感觉，仿佛用白银来衬托黄金一般，既符合其等级，又彰显了富贵。

# 汉纹锦 钱串子

汉纹锦是金青画截头的代表性图案，在乔家大院的檐口、梁头、柱头、垫板、天花、槅扇更是随处可见，从而成为金青画的显著标识。因为晋中画匠常用彩画中代表性图案的名称来命名彩画本身，所以金青画也就有了"汉纹锦彩画"的称谓。既然汉纹锦图案在金青画中如此重要，那么什么是汉纹锦图案，这种图案又是从哪里来的呢？它就是至少由两层"汉纹"相互穿插而成的"锦纹"。这种图案属于博古类，多数取直线轮廓，同时具有汉纹的立体感和灵活性，以及锦纹的装饰性，重点突出而且具有明显的吉祥寓意。汉纹锦的直线造型主要来源于清代雕饰和彩画中流行的汉纹图案，其穿插交错的表现则较多地继承了传统的锦纹（图5-6）。有关汉纹的记载，在清代宫廷匠书的雕饰和彩画中大量出现。它的雏形，甚至可以追溯到汉代乃至更加久远的青铜时代。锦纹的使用源远流长，从彩画到服饰、编织、刺绣、雕刻等，几乎无所不在（图5-7）。尤其在江南一带的彩画中，造型丰富的锦纹直至清末仍然使用甚广。

◎图5-6《点石斋画报》载"恭邸养疴"中的清代汉纹

◎图5-7 清代山西地区的常见锦纹

晋商大院的汉纹锦通常分为上、中、下三层，取红、蓝、绿三色，周边以各类辅助性图案填补空隙（图5-8）。汉纹锦的中、下两层是穿插交错的汉纹，上层则用如意头，在截头或菊花盘两端往往成对布置。汉纹原本就是一种立体图案，汉纹锦也就因汉纹的特征而产生了绘、塑之间的结合及立体

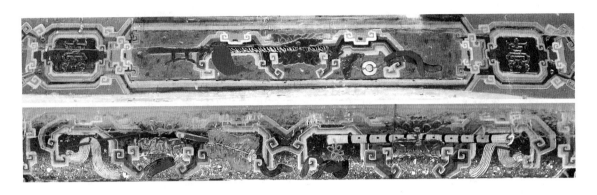

◎图5-8 晋商大院典型的汉纹锦图案

◎图5-9 蝙纹的产生与运用

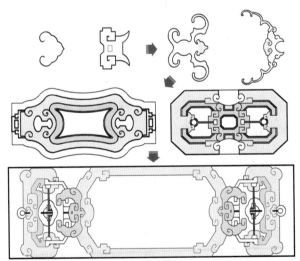

效果突出的各类表现形式。汉纹的造型亦使图案得以摆脱锦纹排列方式的局限,进行相当自由的组织。同时,汉纹锦还因锦纹的特征而呈现出丰富的层次。汉纹锦进一步改进了主次不分的锦纹图案,形成蓝色为主、绿色为辅、暖色点缀的明确关系。此外,由汉纹锦图案组成的各色蝙纹还使之兼具装饰与象征的双重意义。蝙纹是中国传统的吉祥图案。蝙蝠的形象虽然略嫌猥琐,但它背后的"福"才是中国人关注的重点。在汉纹锦图案中,上层的如意头成了蝙蝠的头,中、下两层的汉纹几乎都绘作蝙蝠的身子,晋中画匠不愧为蝙蝠的忠实"粉丝"。截头的菊花盘除以细密的菊花瓣装饰之外,很多也由左右或上下两侧的蝙纹拉接而成。空子其实就相当于一个拉长的菊花盘,两端也总有一对蝙蝠将其捧于翼间(图5-9)。

◎图5-10 东汉钱串及其演化

截头图案中值得注意的还有菊花盘及其两端成对布置的如意头。清代官式彩画（以宫廷彩画为代表）中的箍头（即彩画端头的饰带）也常用与此相近的图案装饰。更重要的是，菊花盘和空子之间往往有金线拉接。这些金线恰恰和具有富贵意味的"镪"相关联。所谓"镪"，就是汉代成串的五铢钱以及穿钱的绳子。东汉班固《前汉书·食货志》有"使万室之邑必有万钟之藏，藏镪千万"，孟康注曰"镪，钱贯也"（图5-10）。实际上，早期的宝珠、古钱、玉环、玉璧等大都也以绳线串连。如果把这些宝物看作菊花盘，把如意头看作其两端的卡子，把绳线看作镪，那么金青画本身就有一种富贵华丽的内涵，体现出晋商对聚敛财富的追求。如果跟踪追击，看看晋商设在江南会馆中的此类纹饰，那么隐藏在金青画中的财富奥秘就一望而知了。

## 附庸风雅和富贵奢华

◎图5-11 宝利博物馆藏春秋青铜鼓座

汉纹的直线形象明显不同于历代彩画中常见的曲线状卷草、团花等，反与先秦时期的青铜纹饰更为接近（图5-11）。这种特殊纹饰的盛行原因，离不开清代持久而深入的复古潮流及金石考据之风。满族统治者入关之初的剃发、圈地、投充等举措造成了满汉文化的剧烈冲突。汉族文人遂以复归传统来实现对本民族文化的强调，从而确立了以古雅为美的审美风尚。那么，这样的文化背景对商人这一特殊群体又造成了什么影响呢？

事实上，清末虽然兴起过重商的思潮，但即使是豪商集中的晋中一带，经商牟利仍屡屡遭到封建文人的诟病。由此，晋中豪商便竭力向文人靠近，还自命儒商，提出儒贾相通、义利相通的观念，以追古来附庸风雅。博古图案源出北宋徽宗

敕撰之《宣和博古图》，著录了宣和殿所藏古物，本身就有博古通今、崇儒尚雅之意，备受士大夫阶层的青睐。在晋商大院的雕饰中，便随之大量涌现出以篆书和汉纹为代表的博古图案。各类寓意吉祥的篆字融甲、金、篆、隶，乃至鸟虫书于一体，有的甚至出现在马车上（图5-12）。与之相应，作为宅院装饰重点的金青画则引入了颇具古风的汉纹锦图案。然而，大院里堆金积玉、遍身祥和之气的汉纹锦所体现的已不再是商周青铜纹饰的狞厉和威吓，亦非清代文人的睹物怀古，而更多地在于对儒商身份的标榜。

从锦纹的装饰性和文化取向，可以明显看出汉纹锦图案

◎图5-13 当代画师绘制的高等级金青画

富贵华丽的内涵。清末民国初是一个商品经济繁荣、封建礼法动摇的时期。在重商思潮的作用和晋中豪商雄厚资本的支撑下，金青画除附庸风雅之外，还集中表现出对奢华装饰效果的追求。金青画的等级与纹饰无关，完全取决于造价的高低。只要拥有足够的财力，即使民居也能金碧辉煌、满堂是彩（图5-13）。晋中金青画在造价上往往超过了当地的寺院、祠堂，部分处理甚至远胜于最高等级的皇家彩画，形成了明显的僭越（图5-14）。这种情况颇似战国礼崩乐坏之后，诸侯的僭越及其对镂金错彩的豪奢追求。因此，奢华的金青画虽然对古雅之风推崇备至，但本质并未脱俗。汉纹的古雅之美，也在彩画层出不穷的表现形式中逐渐远离了文人崇古的初衷。

金青画对富丽堂皇的执著主要表现在三个方面。其一是高等级彩画施用范围的扩大。在乔家大院里，大金青和二金青多施于宅门、正房等主要建筑，小金青和刷绿起金则施于厢房。但常家庄园的一些院子里，就连倒座、厢房也以大金青为饰。其二是工艺的复杂化。在不同等级的金青画中，

◎图5-14 故宫太和殿的龙和玺彩画

相同构件的工艺通常繁简不一，而且随着等级的下降而有所简化。然而，一些商宅会在低等级的彩画中局部采用复杂的工艺。在等级相同的彩画中，不同构件的工艺往往重点突出、繁简有别。然而，一些商宅会逐一提高彩画的工艺，直至无以复加。尤其在造价最高、最能体现地位的大金青中，几乎所有的构件都被列为装饰重点。其三则是大量用金，或者借用云母、蛭石、镜片的刺目反光来烘托华贵之气。纹饰的堆砌和无节制的用金，无疑显示出封建商人金玉满堂的俗尚。

◎图5-15 斗拱彩画的简单处理

# 抠门算计与时尚新奇

位于北京通惠河畔的"北京晋商博物馆"展出了铺天盖地的晋商算盘。置身其间，昔日晋商指掌翻飞间的精准度算如在眼前，而商人精打细算的"习惯性动作"也赫然呈现在乔家大院的彩画中。最明显的是大院里一些建筑前檐金碧辉煌，后檐就降低了等级，甚至正面还是平金底，侧面就改成了蒙金底。更精明的则是匾额遮挡的斗拱以及斗拱朝内的一侧大都留空不画，或者简单处理一番了事（图5-15）。这种"抠门"做法无疑反映出晋商注重外表和体面的心理特征。然而，如果这种精打细算也习惯性地用在对工钱的处理上，恐怕就有些麻烦了。前述彩画中暗藏的"小人"，或许与之不无关联。

晋商对古雅的推崇并没有影响其对洋楼、钟表、火车等新事物的浓厚兴趣。因为好奇心强、喜欢追求新鲜事物也是晋商的一大特征，否则晋商票号怎能取得如此辉煌的

◎图5-16 金青画中的火车

◎图5-17 博古图案中的怀表

成就？在金青画里，典雅的楼阁山水中会驶出一列蒸汽火车，中规中矩的合院民居后也奔驰着即将钻山而过的火车（图5-16）。博古图案除取材古物之外，刻有罗马数字的怀表正是晋商追求时尚与新奇的反映（图5-17）。金青画的创作者们同样是不拘一格，无论装修、家具，还是雕饰、塑像，统统拿来使用。汉纹、菊花盘等形象在装修和家具上都能见到，到北京故宫里乾隆花园的倦勤斋一看便知（图5-18）。同时，截头的菊花盘里常画大理石纹，或者镶嵌闪光发亮的玻璃、镜片、金属片等。而当时晋商豪宅里的家具时常镶嵌有大理石、镜子，家具上的木雕图案与汉纹锦的蝙蝠形象几乎也没有区别。事实上，蒙金的工艺也借用了传统匾额中扫蒙金石的做法，在金青画中不过换作了云母片或蛭石。融雕刻、彩塑、镶嵌等各项工艺于一体的堆金更是典型。堆金所表现的立体化发展还与清代木雕的流行趋势相符，展现出晋商对立体化工艺的时尚追求。

◎图5-18 倦勤斋类似汉纹与菊花盘的做法

**扩展阅读：**

### 堆锦的立体化

清末民国初流行于晋中地区的堆锦装饰与堆金做法有异曲同工之妙。当时晋中民居室内多饰有堆绣或堆锦，与字画相间。堆绣原为唐卡的一种，是用各色布匹、绸缎剪贴而成的拼贴画。堆锦则外包绸缎、内填棉花，最后还要以色彩渲染，使画面的立体感倍增。

# 金青画的黄金盛宴

金青画的名称其实已经显示出色彩与等级的关系。也就是说，金和蓝越多，彩画的等级就越高。这其中又有什么内在的原因呢？华贵的金自不必说，画匠口中"天蓝地绿，天上地下"的说法无疑揭示出蓝与绿的等级差异。因此，大金青的用色自然以金、蓝为主，到二金青、小金青和刷绿起金则会逐渐增加绿色的用量。乔家大院的金青画等级分明，大门多用大金青、二金青，宅门、厅门、屋门多用二金青，主院厢房多用小金青，倒座、跨院厢房等则装饰着简约而不简单的刷绿起金。但不论等级如何，金都必须出现。对比官式彩画里诸多不用金、只用色的彩画类型，晋商可谓在建筑上摆起了货真价实的黄金盛宴。

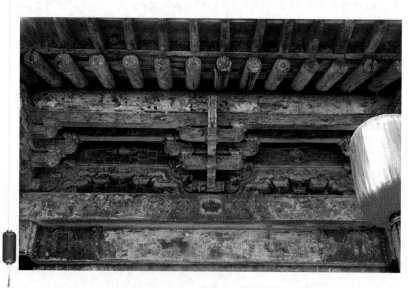

◎图5-19 乔家大院典型的大金青

# 大门不差钱

乔家大院的大金青以一院和五院的大门为代表。作为宅院的门面，成本问题不是富商们考虑的重点。因此，这里的彩画大量用金而少量用色，主要构件都披上了闪亮的黄金（图5-19）。金与蓝在色相和明度上的对比十分强烈，既彰显高贵，又兼顾庄严。

大金青截头的汉纹锦图案普遍采用立体效果极佳的堆金，高低起伏的造型显然参考了雕刻手法（图5-20）。截头的菊花盘里仍用堆金，底子以蓝色为主，仍然是金与青的最佳组合。就题材而言，多为人物、瑞兽、博古。其中人物普遍具有吉祥含义，如莲花和童子组成的连生贵子（图5-21）。扩展到晋中一带，菊花盘中还会镶嵌夺目刺眼的镜片、金属片等。大金青通常十分注重图底关系的协调，并竭力避免单纯的纹饰堆砌。就截头而言，衬底的处理可是一个难题，既要用金来显示尊贵，又不能抢了堆金汉纹锦的风头。在这种情况下，特殊的锦纹金底终于应运而生了。锦纹金底借用沥粉贴金的片金做法，相当于在金底上增加了一层立体的锦纹。乔家大

◎图5-20 大金青的堆金截头

◎图5-21 大金青菊花盘里的堆金人物和瑞兽

扩展阅读：

### 晋中匠画

所谓"匠画"，是传统画匠结合国画和民间美术创作的特殊门类。匠画的表现以"染色"为主，通过色彩的平缓过渡与截头展退画法鲜明的层次效果进行对比。匠画的用色俗称"三蓝三绿"，与截头图案一样以蓝色和绿色为主。截头与空子色彩的协调增加了金青画的整体感，使之绚丽多彩而不失统一。

院的大金青更推出了豪华版本，在锦纹上又堆出夔龙、花草等造型，成为真正的"锦上添花"。然而，锦上添花的做法却难免削弱堆金汉纹锦的主体地位。当汉纹锦本身堆起不高时，这种问题就更加明显了。因此，其工艺虽然繁复，却多少有点画蛇添足之嫌。

空子是大金青着重装点的位置，在灿烂的金底上普遍描绘着特有的"匠画"（图5-22）。为与截头进行区别，空子的堆金做法相对少见。同时，此处的匠画还能以丰富的色彩来弥补截头用色的不足。这样看来，大金青这种以沥粉衬堆金的截头，以及以金衬色的空子做法在晋中已经发展得相当成熟了。乔家大院大金青的空子里多绘人物故事、楼阁山水和花鸟鱼虫。人物故事在传统工匠口中叫作"公案"，也就是各类演义、小说。乔家大院金青画中的人物故事多数带有教化性质，画面中还常以文字作为提点。如孙庞斗智中硕大的"齐"字，就揭示出孙膑任齐国军师后，使用减灶之计斗败庞涓的故事背景。至于"麻姑献寿""五子登科"等吉祥画，也不在少数。画中的男女老少往往特征明显、形象生动，充分显示出晋中画匠的高超技艺。至于花鸟鱼虫类题材，则多绘于弧形的檩上。水中的游鱼自然表达了"有余"之意，鸭子、鹭鸶等水鸟则体现出主人对江南水乡的眷恋（图5-23）。

◎图5-22 大金青的匠画人物

◎图5-23 大金青的匠画花鸟

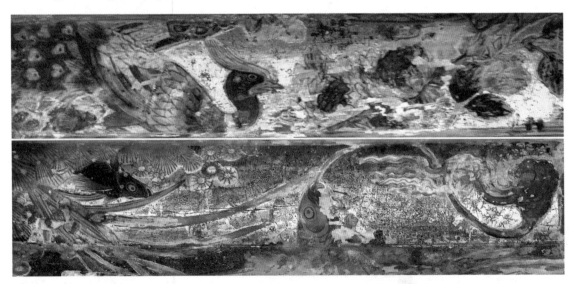

# 宅门挺有钱

即使是有钱的大商人，也要讲求个等级对比，所以就出现了作为大金青和小金青之间过渡的二金青。乔家大院的二金青多用于大门、宅门、厅门及屋门，但大门以内、位于各宅中轴线上的一串门楼更具代表性，做工也普遍比大门俭省。二金青的特点是金、色并重，但至少一根主要构件仍以金饰为主（图5-24）。同时，色彩的处理也介于大金青和小金青之间，绿色的比重有了明显增加。

二金青的重点构件与大金青做法类似，截头同样是沥粉衬堆金，空子则以金衬色。然而，二金青截头中"锦上添花"的做法逐渐开始简化，乃至仅以利落的锦纹衬底。截头的菊花盘内，则增加了更为洒脱的花鸟（图5-25）。到了辅助性构件，商人精打细算的本性再次凸显，小金青乃至刷绿起金的做法纷纷涌现。就色彩而言，繁杂的还以蓝、绿做个对比，简

◎图5-24 乔家大院典型的二金青

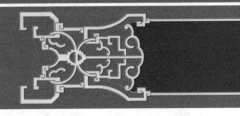

◎图5-25 二金青的堆金截头                    ◎图5-26 二金青中的刷绿起金截头

扩展阅读：

**《南风》之诗**

典出《孔子家语·辩乐》，文曰："昔者舜弹五弦之琴，造《南风》之诗。其诗曰：南风之薰兮，可以解吾民之愠（即怨怒）兮；南风之时兮，可以阜吾民之财兮。"

单的只有金、绿两色，不愧为真正的"刷绿起金"（图5-26）。将截头省去不绘也不失为一个妙招，此时整个构件就当作空子处理。

二金青空子的常见题材也是人物故事、楼阁山水和花鸟鱼虫，其中重点构件的空子采用与大金青类似的匠画，但略有简化（图5-27）。如表现张良在圯桥下拾履拜师的"圯桥授书"故事，就没有截头的衬托。采用低等级做法时，还增加了堆金，多数以蓝色衬底、绿色点缀。如堆金人物中的"舜耕历山"典出西汉司马迁《史记·五帝本纪》，讲的是舜在历山耕种之事（图5-28）。画中的舜与牛悠然自得，仿佛其《南风》之歌随风飘荡。而《南风》中民安物阜、天下大治的内涵，仿佛是乔氏家族家财万贯、岁岁平安的希冀。堆金的楼阁山水特色鲜明、耐人寻味，在金青画中也极具代表性。虽地处山西，乔家大院的堆金山水却偏重于水乡风光的描绘。其创造者通常根据空子的尺度来叠山理水、疏泉立石，其布局则充分体现出民间无名匠师的美学修养和对传统建筑的深入理解。楼阁山水中的建筑类型很多，有城池、宅舍、长廊、

◎图5-27 二金青的匠画人物和山水

◎图5-28 二金青的堆金人物和山水

茅屋、碑亭等。无论重檐歇山的楼阁与攒尖顶的亭台搭配，还是单檐歇山的轩榭和十字歇山的亭台组合，都为彩画增添了丰富的变化。小巧的月洞门或开或闭，一旁是轻巧的栏杆。小桥流水几乎是不可或缺的，水面上不时荡过一叶叶轻舟。山石造型别致，花木则种类繁多、错落有致。在大片的蓝色水面中，曲折的小径染成绿色，以色彩的对比来增加变化。

## 厢房不省钱

在建筑中，位于旁、侧的房屋承担着衬托中轴线上主要房屋的义务，故而要一切从简。在彩画里，虽则道理亦然，但作为大商家，厢房之类的也一定不能马虎，小金青就此隆重登场。小金青突出的是用色，以色彩的变化来冲淡耀眼的金饰。就乔家大院而言，小金青分为两个档次。高档的用于垂

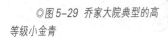
◎图5-29 乔家大院典型的高等级小金青

花门、影壁龛、祠堂等特殊建筑，大面积采用蒙金技法（图5-29）。如白银般耀眼的蒙金，对金碧辉煌的大门、宅门等起到良好的陪衬作用。低档的主要用于主院厢房，增加了大面积的绿色（图5-30）。当然，讲究排场的院子也会把此类小金青用于倒座、跨院厢房等处。

高等级小金青的截头仍用立体的堆金汉纹锦，衬以锦纹金底，菊花盘则偶尔堆金（图5-31）。低等级的采用展退做法，衬以蒙金底。虽然不再堆金，但展退汉纹锦无论造型、表现，还是色彩的搭配，都体现出强烈的层次感和立体感。在造型上，展退汉纹锦主要通过三层纹饰的形式差异来取得丰富的层次效果。在表现上，展退本身就具有明显的立体感，汉纹锦多层展退的穿插更使图案的层次极大丰富。在色彩上，

◎图5-30 乔家大院典型的低等级小金青

◎图5-31 小金青的堆金和展退截头

◎图5-32 高等级小金青的匠画人物

◎图5-33 小金青的匠画和堆金山水

扩展阅读：

### 吉语钱

一种不用于流通的压胜钱，其最大特点就是钱币表面的各类吉语，钱背有时还附有吉祥画。因其寓意吉祥，近年来在收藏界日渐升温。

展退汉纹锦则通过蓝绿与红、主与辅的对比来强化各层间的差异。与之相应的菊花盘多用大理石及博古图案，或者与汉纹锦合为一体的花草、宝珠等。

小金青空子的题材囊括了人物故事、楼阁山水、花鸟鱼虫和博古图案。其中人物故事多见于高等级做法，在蒙金底上描绘匠画，其工艺和水平均属上乘。如在五子登科故事中，以片金的篱笆、几案来衬托作为主体的严父与勤勉读书的孩童，形成金、色相间的效果。赵氏孤儿中程婴之子与其父诀别之时相望的目光则与获救遗孤的笑颜形成对比（图5-32）。楼阁山水的高等级做法同样是蒙金底匠画。在蒙金底的衬托下，宛如将亭台楼阁笼罩在银色世界中，别有一番情趣（图5-33）。低等级做法中堆金的楼阁山水是乔家大院小金青的一大特色，其繁杂的工艺体现出晋中豪商在宅院营造中不惜工本的心理特点。就规模较大的建筑群而言，前有牌楼的引导，后有收尾的亭台。就单体建筑而言，无论歇山、硬山还是卷棚，屋顶都特征分明，还勾勒出一道道精致的瓦垄。建筑的构造和墙体的收分都得到了充分的表现，仿佛实物的模型。此外，石桥的质感、水面的波澜、石块的斑驳和树木的纹理也与建筑相得益彰。堆金表面往往并不完全贴金，而增加了白墙、白窗、白屏等变化。

花鸟鱼虫和博古图案常见于低等级做法，其中前者有匠画、堆金、片金等做法（图5-34）。匠画本身与大金青没有本质区别，只是底色由金转绿，花鸟也增加了白色和暖色的用量。植物的枝干、叶片间或以片金作为点缀，在金箔的用量上同样显示出商人的精明，因为非重点建筑或位置较高的构件一般不用金饰。在这些空子里，还有不少谐音构成的吉祥画。与铺天盖地的汉纹相应，此处的片金博古图案也是晋商

◎图5-34 低等级小金青花
鸟鱼虫的不同做法

◎图5-35 低等级小金青的
片金博古

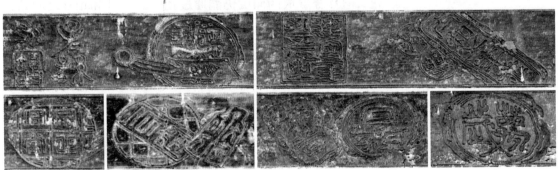

追古好雅的明证。这些图案包括古钱、汉瓦、汉墓条砖、青
铜铭文等等（图5-35）。其中古钱的内容有布钱、刀币、吉语
钱等，从先秦齐法化到新莽货布，从五铢到半两一应俱全，集
中反映出晋商对富贵的执著。富贵吉祥的"延年""万岁""富
贵""宜子孙""长乐未央""宗正官当""富昌宜侯王""子孙
永宝用"等汉瓦和青铜铭文倍受主人的青睐。同时，"建安三
年""太和七年""阳朔元年""五凤"等模仿汉墓砖文或青铜
铭文的带纪年义字则意在标榜其文学修养。至于福、禄、寿
等篆字，民俗的味道就愈发浓郁了。

# 跨院要花钱

乔家大院的刷绿起金多用于倒座、跨院厢房等处。这些辅助性用房虽然不是装饰的重点，但总得破费一下，以示富贵。刷绿起金的特点是绿底金饰，主要图案虽无色彩的变化，但金碧辉煌的感觉丝毫未减，因为灿烂的黄金乃是金青画里不可或缺的核心要素（图5-36）。

刷绿起金中截头的汉纹锦图案简化为片金，其工艺简单，集中展现出汉纹的灵活性（图5-37）。虽然缺少了色彩的变化，但片金形成的面层仍能通过宽窄的处理和相互之间的穿插来产生简单的层次效果。片金汉纹锦常与菊花盘结合布置，但菊花盘的轮廓加宽，以示强调。因此，无论夔龙、卷草等图案增加与否，菊花盘、蝠纹、金线等基本元素均与高等级做法如出一辙。

刷绿起金的空子题材为楼阁山水、花鸟鱼虫及博古图案。楼阁山水以绿衬金，复杂的偶尔增加蓝色和堆金。其工艺类似小金青而更为简化，在技法和水平上却并无不足之处（图5-38）。花鸟有匠画和片金两种表现手法。在匠画中，植物枝叶间的金饰自然有所减少；在片金中，寥寥数笔间花鸟、游鱼之画意已足（图5-39）。博古图案多用片金，同样是小金青的简化版。最简单的做法仅靠截头装饰，空子索性留空不画，成为真正的"空子"（图5-40）。

扩展阅读：

## 夔龙

根据古建彩画专家蒋广全先生的解释，彩画中的夔龙俗称"草龙"，形象为龙头草身。这种适合于草民的龙当然没有真龙的气派，也没有真龙的鳞、爪、须等特征。

◎图5-36 乔家大院典型的刷绿起金

◎图5-37 刷绿起金的片金截头

◎图5-38 刷绿起金的片金楼阁山水

◎图5-39 刷绿起金的匠画和片金花鸟

◎图5-40 刷绿起金的空子

# 金青画的巅峰对决

月圆之夜，紫禁之巅，一剑西来，天外飞仙。

——《陆小凤传奇·决战前后》

这是西门吹雪和叶孤城的终极大战，也是古龙笔下最辉煌、最耀眼、最经典的对决。如果拿金青画和以故宫为代表的官式彩画相比，则一个华丽、一个庄严（图5-41）。在很多构件上，金青画工艺的复杂程度甚至超过了故宫端门。与同在山西的五台山各类皇家勅建寺院相比，则五台山最高等级的上五彩远不及大金青华丽，在用金量上也逊色许多（图5-42）。五台山最低等级的下五彩完全用色，刷绿起金则以色衬金，无疑体现出金青画的奢华特性（图5-43）。与官式彩画的主次分明不同，高等级金青画除作为主体的檩、枋、梁外，斗拱、柱头、垫板、檐口等处均有繁杂的画法。低等级的金青

◎图 5-41 故宫端门的官式彩画

飞椽底
闸挡板
小连檐
檐椽头

挑檐檩
梁头
挑檐枋

斗拱

拱垫板

平板枋

柱头
额枋

◎图5-42 五台山的上五彩

◎图5-43 五台山的下五彩

画也常以小面积的复杂工艺来弥补装饰的不足，充分体现出晋中豪商的奢华追求。与官式彩画的适量用金不同，金青画各类构件铺天盖地的金饰将建筑妆点得光彩夺目。各类博古图案也与赤裸裸的黄金相结合，明确了金青画典雅和富丽并存的根本。

## 斗拱摄目

斗拱本身就是等级的标志。在乔家大院里，各宅中轴线上的重要建筑多有斗拱。斗拱的彩画接近高等级金青画中檩、枋的空子，在灿烂的金底上绘出缤纷的匠画。与之对比，故宫端门，乃至最高等级太和殿的斗拱彩画都显得异常朴素。

出现在乔家大院斗拱中的主题时而是曲径通幽的楼阁山水，时而是水草中悠闲的游鱼（图5-44）。斗与拱的纹饰往往结合在一起，构件对称而纹饰不求一致，形成和而不同的感觉。至于小面积的边角处，则依旧是变化多端的汉纹锦图案。最具特色的斗拱纹饰则是早在乾隆时期的瓷器、刺绣、织染上便已盛行的"百花图"，又称"万花堆"。百花图有百花呈祥的含义，古人常用于祝寿。乔家大院斗拱中的百花图遍铺牡丹、月季、菊花、茶花、荷花、牵牛花等花卉，以及各类带有吉

◎图5-44 斗拱中的山水与花鸟

◎图5-45 斗拱中的百花图

扩展阅读:

**南宋的百花图**

传为杨妹子作,画中有各类花卉14种,计17段,每段附有题咏。此图被认为是我国绘画史上所存第一位女画家的作品。杨妹子是宋宁宗赵扩恭圣皇后的妹妹。

祥意味的果品(图5-45)。画面花团锦簇、蝴蝶飞舞,下方体量突出的大斗还出现了代表祥瑞的狮子形象。

端门彩画中与斗拱相接的挑檐枋及其后的一系列枋件颇为简单,乔家大院则热闹非凡,囊括了花鸟、蔬果、博古等,高等级的还要进行纹饰与表现方法的交替。花鸟和蔬果多施于金光灿烂的平金底或蒙金底上,中有祥云缭绕,与斗拱的百花图衔接甚妙。博古中最游刃有余的自然又是表现手法各异的汉纹锦图案,无论是突出的菊花盘和金线,还是频繁出现的如意头和蝠纹,都与檩枋截头非常接近(图5-46)。各类

◎图5-46 挑檐枋等构件的汉纹锦图案

◎图5-47 挑檐枋的篆书

篆字中,"福如东海长流水,寿比南山不老松"等吉语频频亮相,各类篆书寿字组成的"百寿"图案也成为雅俗共赏的典型(图5-47)。

## 垫板风雅

彩画重点关注的垫板主要分为两类,有斗拱的是拱垫板,无斗拱的是檐垫板。虽然乔家大院拱垫板的画法往往比檐垫板复杂,但二者均以古雅见长,闪亮的金饰难得地退居了二

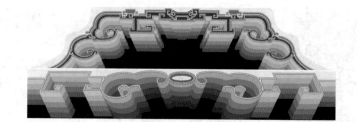
◎图5-48 拱、檐垫板轮廓的
多层展退

线。即使如此，乔家大院垫板的画法也远比故宫太和殿复杂
多变。

　　拱、檐垫板轮廓的表现有结合汉纹锦的多层展退，亦有
单纯的汉纹锦图案。前者以其独特的形象被称作"万卷书"，

◎图5-49 拱垫板的博古图案

◎图5-50 檐垫板的博古图案

扩展阅读：

**博古图的含义**

北宋王黼《重修宣和博古图·鼎荔总说》有："故圜以象乎阳，方以象乎阴，三足以象三公，四足以象四辅，黄耳以象才之中，金铉以象才之断，象饕餮以戒其贪，象鼎荔以寓其智，作云雷以象泽物之功，著夔龙以象不测之变。"

为纹饰平添了几分雅致（图5-48）。汉纹锦随形展开，虽形式多样，但均似张开双翼的蝙蝠，将中央的纹饰拥抱起来。至于其衬底，在高等级彩画中以锦纹金底为主，低等级的则更多地转为蒙金。然而，正如出现在低等级金青画中的金底人物一样，即使刷绿起金亦有锦纹金底的做法。

拱、檐垫板的主体纹饰通常为随形分布、排列各异的博古图案，衬以蒙金底（图5-49）。形形色色的图案形成了博古大观，尽显金青画古雅的特色（图5-50）。其中既有《宣和博古图》所列之鼎、尊、罍、彝、卣、瓶、壶、爵等器物的具体形象，又体现出其内在的含义，如以方圆象征阴阳、以三足象征三公、以四足象征四辅等。杂陈于其间的文房四宝、暗八仙等更丰富了彩画的内容。如仔细探究，还会发现其中暗藏的美人镜、犀牛望月镜、刘海戏金蟾等宝物，看来就连彰显雅致的博古也要同财宝携手并进。为凸显贵重，博古图案通常金、色相间，并以各色锦纹作为点缀。

# 檐口耀眼

为突出重点，故宫端门自不必说，连太和殿的闸挡板、小连檐、檐椽头等次要部位的彩画都相当简单。金青画则着意

◎图5-51 飞椽底的图案对比

扩展阅读：

**闸挡板里的蔬果**

蔬果的内容丰富而活泼，展现出贴近生活的一面。如日常食用的黄瓜、南瓜、冬瓜、茄子、萝卜、白菜、蘑菇等蔬菜，葱、蒜、辣椒等调料，西瓜、苹果、樱桃、橘子、葡萄、梨等水果，以及佛手、寿桃、石榴、葫芦等具有吉祥意味的果品。

对檐口进行刻画，营造出五彩缤纷、热闹喜庆的气氛，高等级的愈发如此。飞椽底的彩画是太和殿胜过乔家大院的难得一处，但后者与端门相比却依旧能够胜出（图5-51）。

闸挡板可以起到阻挡麻雀做窝的作用，故而被晋中画匠形象地称为"雀儿扇"。其纹饰除汉纹锦外，还增加了做工细致的童子、花鸟、蔬果等（图5-52）。童子或单或双，造型类似时在衣着、发辫上也存在着差异。禽鸟和蝴蝶或以不同的形象出现，或与蔬果交替布置。因为闸挡板位置很高，所以纹饰多以深色衬底，以增加对比。在乔家大院，即使相当狭窄的小连檐也饰有汉纹锦、冰竹梅等图案。这个连皇帝都忽略的地方竟然也要如此破费，委实令人惊叹。高等级的小连檐多做汉纹锦，以片金和展退结合绘制，同样用金线和圆环拉接起来（图5-53）。"冰竹梅"则由冰裂纹、竹叶和梅花组合而成，颇似瓷器中的冰梅罐。其中竹、梅出自"岁寒三友"，是高洁的象征。再加上冰裂纹就有了冰清玉洁的内涵，也就和人品拉上了关系。因为这种图案等级略低，所以没有展退做

◎图5-52 闸挡板的图案

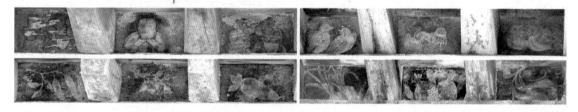

◎图5-53 小连檐的图案

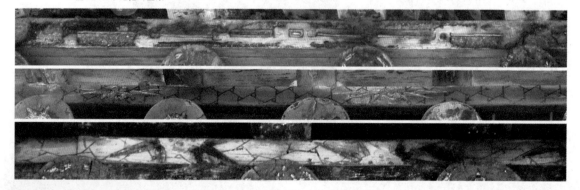

法。但即使如此，其画法也有等级之分。造价最高的采用金花金叶，略低些适量减少金色的叶片，直至梅花也用色彩表现。

晋中传统建筑的檐椽头以圆形为主，方形的则加工成略带切角的海棠式。一些豪宅会在椽头嵌入镜片，使成排的椽子在阳光下发出刺眼的光亮。乔家大院则以绘为主，高等级的椽头图案不仅注重吉祥含义，而且相邻图案还要相互交替。在这个充斥着黄金的彩画门类里，无论等级如何，总缺不了大量的用金。甚至最低等级的刷绿起金，也不乏片金做法。椽头的福寿图案主要由蝠纹、福字、寿桃、寿字等纹饰组合而成，如蝠纹寿桃、福字寿桃、蝠纹寿字等（图5-54）。香瓜与蝴蝶，则组成了寓意多子的瓜瓞绵绵。花卉多绘于金底上，与斗拱的百花图类似。博古则必不可少，包括器物、汉瓦、篆字、汉纹锦等（图5-55）。在相邻檐椽的汉瓦、篆字中，也以不同的吉语相互交替。汉纹锦金、色相间，几乎都设计成祥瑞的蝙蝠形象。而只有最低等级的做法，才与故宫端门相似。

◎图5-54 檐椽的福寿与蝠状汉纹锦

◎图5-55 檐椽的花卉与博古

# 金青画的从无到有

隐藏在金青画光辉灿烂的外表之下，是一系列不为人知的复杂工艺。它们的秘密，全部掌握在师徒、父子间薪火相传的画匠手中。

## 教会徒弟 饿死师傅

从前，画匠师傅收徒弟，先要有亲戚、朋友介绍。这还不算，师傅在收徒弟之前还要考考他的悟性才能最终答应。师傅点了头，徒弟就要提着礼物去叩头拜师，接下来就是长达三年的学徒生活。头一年不挣钱，第二年少给一点，第三年稍微多点。三年以后，徒弟可以选择自己的去留。也就是说，继续跟着师傅做个帮手，或者独自闯荡江湖。

一个画铺中的学徒既得掌握全套的设计与施工技能，还要懂得为人处事之道，日后才有可能成长为独当一面的大师傅。因此，在学徒的三年里，聪明的徒弟为了将来早日自立门户，会竭尽全力多学一点。师傅则囿于"教会徒弟，饿死师傅"的老话，总不免要留上一手。时间久了，徒弟千方百计"偷学武功"的各种传闻轶事，也就成了画匠们闲聊时的热门话题。

晋中画师张晓波就有这么一个故事，说画空子里的武将时，杀人后把头抛下来，脖子里要向外喷血。一个徒弟怎么画也画不好，但师傅就是不教。三年期满，徒弟该出师了，各方面都比师傅好，就是这招不行。而师傅呢，往往就在这个关键时刻，随便找点事就把徒弟支走了。也就是一会儿功夫，徒弟出去转一圈，师傅就画好了。后来徒弟得知师母知道这

扩展阅读：

**猫师傅和虎徒弟的故事**

虎拜猫为师，猫把很多本领都传给了虎。学成以后，要不是猫留了一手爬树的绝活，险些成了虎的盘中餐。这个故事流传很广，其实不过是表达了一种自保的心理。

个秘密，就去套她的话，师母无意中竟泄了密。学到最后一招以后，这个徒弟马上就远走高飞了。

# 白面、猪血与女红

金青画的工艺看似繁杂，但均源于生活经验的积累，在材料和做法上也与日常生活息息相关。和现在的建筑施工不同，这些材料里还用到了不少食品。在彩画之前，先要进行一系列的准备工作，分为木表面处理和刮腻子两大部分，目的是做出一层可以附着彩画的灰壳。木头表面的处理无须多言，无非是为了使腻子粘结得更好。如清除表面灰尘时，要拿白面、桐油、石灰打起称为"油满"的糊状物，再和水配起来刷上去。实际上，这与从前拿白面打浆糊的做法差不多，只不过多了些配料。至于腻子，则是油满、猪血、砖灰（青砖磨成的粉）的混合物，其中猪血自然也是一种食品（图5-56）。腻子由粗到细要刮3至4道，越到后来血和灰越多，腻子也越细、越薄，在减轻重量的同时，也减少了干燥的时间。

灰壳完成后就真正进入了彩画的流程，主要包括起谱—拍谱—沥粉—贴金—刷色五部分内容。起谱时先由大师傅一一丈量主要的构件，再根据其长宽裁纸设计出相应的图样。

◎图5-56 油满、猪血、砖灰配成的腻子

◎图5-57 晋中画师张晓波所藏金青画粉本

因为时常要搞些创意，传统匠师大多会藏着些压箱底的图稿，也就是古人所说的"粉本"（图5-57）。这些吃饭的家伙，他们可是很少拿出来给人看的。因为截头图案基本上是对称的，所以粉本里的汉纹锦等图案通常只有1/4。这样上下一镜像，就是个完整的截头；左右再一镜像，整幅图就跃然纸上了。

拍谱是要把设计好的图样从纸上挪回到木构件上。方法是用针随着画稿上的纹饰扎出细密的小眼，把纸样紧贴木构件放妥，再用粉包锤打纸面，使粉从针眼里漏到构件上。接下来撤走纸样，按照构件上的粉点勾线即可。所谓"粉包"，指用布包裹的着色细粉。因为完成后的地仗上一般会刷一层浅色的衬底，所以需要加深粉色，以使图案更加明显。这一套姑娘媳妇们再熟悉不过的绣花刺样功夫就与女红拉上了关系，只不过从绣花绷里的小天地扩展到各式各样的大木件上。

扩展阅读：

**粉本的记载**

元汤垕（chuí）《画鉴》载："古人画稿，谓之粉本，前辈多宝畜（即收藏）之。"由此看来，古人的粉本确实相当珍贵。

# 花馍、菜油和丹青

沥粉是先用粉、胶等材料调成糊状粉浆，再通过尖端有孔的工具按图案挤到构件上。事实上，这与蛋糕裱花的制作大同小异，只是吃不得而已。粉浆的调制说来容易，做起来可就难多了：既不能太稠，以便顺畅地流出；又不能太稀，以确保形成凸起的效果。堆金的做法则更加复杂，其中最主要的是堆泥、打磨和沥粉。堆泥指用泥塑的手法塑成所需形体后，钉在构件上。如果处理不好，这些微型的泥塑就会干缩变形，严重影响彩画的效果。因此，最奢侈的工艺是以木雕替代堆泥，虽经百年也不易变形。在做好

◎图5-58 晋中花馍

的泥、木表面都要用砂纸打磨平整，其上通常还要增加一层沥粉的图案。无论泥塑还是木雕，都离不开以花馍为代表的民间面塑，其特点就在于为丰富形体而大量增加立体纹饰（图5-58）。

贴金即把金箔（即黄金薄片）贴在沥粉或堆泥表面。贴金可不能用浆糊，现在的画匠一般采用成品金胶油。然而，传统画师认为金胶油贴出的金箔亮度不够理想，至今仍然习惯以天然的桐油为主要原料，自己熬制。但是与简易的金胶油相比，初学者很难掌握熬制桐油的火候。为防止桐油熬坏，工匠们常在桐油中添加一些不易风干的胡麻油，这无疑也源自生活经验的积累。

就刷色而言，截头部分采用多人合作的流水作业，方法为每人负责一色，随刷随走，一种颜色全部刷完后再刷第二种。要知道，人工配出完全相同的颜色委实不易，所以这种做法不愧为省力讨巧的妙招。展退的基本做法为由浅至深刷出三至五道色，道数普遍取单。这是古人的讲究，单数就是所谓的阳数，

◎图5-59 五台山和阎锡山故居的7道展退

讨个吉利而已。从展退的道数也能看出彩画的等级，如乔家大院以北的五台山和阎锡山故居普遍有七道的高等级做法（图5-59）。空子部分则要团队里水平最高的匠师亲自操刀，远不像截头那样粗放。这些匠师均为民间的丹青高手，在绘制彩画的同时，还常常帮忙设计一些雕饰图案。因此，画匠师傅也就自豪地说："古代有画家嘞，可没有泥家和木家。"

扩展阅读：

### 胡麻油与晋商

自明代起，贩卖胡麻油便成为晋商的主要商业活动之一。如清姚庆布《河曲县志·食货》载："晋北惟胡麻油其用最溥。胡麻产口外，秋后收买，载以船筏，顺流而下。乡人业其利者，以牛曳大石磨碎，蒸熟榨取其汁为油。"

# 雅俗共赏
# 话装饰

　　虽然中国古代上至帝王宫阙、下到平民屋舍均有严格的等级限定，但这种凌驾于经济之上的强制性制度势必导致多方抵触。清末民国初的晋商大院在万贯家财的支撑下，除华丽的彩画外，雕饰也极尽奢靡。在富丽堂皇的乔家大院中，各类构件均被拿来装饰（图6-1）。其中砖、石、木的雕饰与楹

吻兽
脊饰

斗拱

盘头
垫板

挂落

门鼓石

柱顶石

◎图6-1 乔家大院院门的
主要装饰部位

联、匾额的内容通过图像和文字，充分表达出士人之儒雅、商贾之富贵、居家之和美，可谓雅俗共赏。就同类题材而言，表达手法均不求一致，以追求缤纷、喜悦、活泼的氛围（图6-2）。这种做法恰与追求统一、庄严、肃穆的宫廷建筑相反，将民间工匠的想象力发挥到了极致，亦形成了大院独有的装饰风格。

◎图6-2 乔家大院的各色烟囱

# 雅量高致

乔家大院堡门之上悬有一块石匾，其上"古风"二字完满地概括出主人对古雅的推崇。堡内雕饰与之相应，通过博古、汉纹，以及各类表达高风亮节的图案来彰显文人之好。然而，其中总要夹带些表达吉祥含义的插曲。大院的主人喜旧而不厌新，古玩旧物中不时跳出些时尚元素，体现出晋商对新鲜事物的浓厚兴趣。同时，此类雕饰主要集中在外宅，是男子的兴致之所在。

## 宣和博古谁不知

为表达好古之意和学识之广，选择士大夫阶层青睐的博古图案来装饰宅院是最合适不过的。其中的代表，首推各类重要建筑木雕挂落中的古玩。这些古物大体上有模有样，多数在《宣和博古图》《三才图会》等古籍中还真有记载。然而，要是把此类图谱甚至实物拿来与之一一对照，不免太过较真。要知道，这毕竟是工匠间流传的"数据库"。传统工匠可不是刻板的学究，凡入眼者，不论新旧，信手拈来就是。至于他们手中的透雕技艺，则委实令人叫绝。

如果把此类挂落放在一起比较，就会发现一个大秘密：原来这些古玩都是三三两两组合在一起的，而组合的结果就使整个挂落的外轮廓形成了一只倒挂的蝙蝠（图6-3）。蝙蝠的头仍然是如意头，身体则是灵活多变的汉纹图案，与金青画的截头、垫板等做法几乎没有区别。因此，彰显雅致的博古图案其实并不纯粹，它们在民间工匠手中必须夹带上一系

◎图6-3 挂落的博古图案

列吉祥含义才算圆满。看到这些挂在柱间的蝙蝠及其周身穿插的古玩，如果非要说出究竟是谁夹带了谁，还真是有些难度。但无论如何，汉纹总归算是博古类图案的一种。

◎图6-4 博古图案中的金声玉振

　　进一步探究还会发现，蝙蝠周身的博古图案也不纯粹，除古玩、汉纹之外还夹带了人物、狮子、花果等等。既然乔家大院的装饰风格如此富丽，古玩本身当然不可能空空如也。因此，同样的夹带还出现在古玩上的纹饰和古玩里的摆设中。蝙蝠两翼不求严整对称，甚至有意通过不同类型的花卉产生对比，以取得丰富多样的装饰效果。至于作为框架的蝙蝠身体，更有金环、玉石、绳线、花草等穿插其间。由此看来，商人的宅院要的就是花团锦簇、欢快热闹、喜庆祥和。他们所追逐的古物，也绝非文人士大夫乐于把玩的青瓷和璞玉。因为清雅、质朴往往同清贫、守节相匹配，与豪华的商宅实在是不搭调的。在博古中夹带的吉祥图案里，这一点是再明显不过的了。

乔家大院夹带吉祥寓意的博古图案，可以时常成对出现的钟、磬作为代表（图6-4）。从表面上看，此类图案是对儒学的尊奉。首先，二者均为乐器，且材料分别为金属和玉石，结合起来就成为"金声玉振"，代表了古代由击钟起始，至击磬终了的完整奏乐过程。其次，孔庙前的第一座石坊即以"金声玉振"命名。在乔家大院这个特殊的环境下，钟和磬往往缩小为更适合居住氛围，也更利于装饰的挂件，钟也就演为铃铎的形象。更重要的是，钟与磬的题材于此还增加了富贵、驱邪、祈福、祥和等含义。富贵之意自不必多说，既然有"金声玉振"，那么"金玉满堂"的夹带就很自然了。同时，作为一种礼器，钟乃权力的象征。与佛教结合之后，洪亮的钟声更增加了趋吉避凶的含义。虽然是钟的袖珍版，但铃铎亦具有类似的作用。细察之下，乔家大院铃铎上的八卦图使其镇物的作用更加明显。磬与鱼的结合又增加了"吉庆有余"的内涵，愈发偏离了"金声玉振"的朴素本意。这些吉祥含义的堆砌，不免使人想起了主人最少花钱、最多办事的商业风习。

# 汉纹何堪处处闻

颇具古风的汉纹同时出现在清代宫廷建筑的雕饰和彩画中，也成为晋商大院雕饰和彩画的母题。乔家大院铺天盖地的汉纹显示出这种图案的风靡一时，甚至有泛滥成灾的趋势。就木雕挂落而言，外轮廓依旧为倒挂的蝙蝠，其身体则布满菊花盘、玉石、绳线，同样有花草、如意头、圆环、古钱等穿插其间（图6-5）。虽然主题类似，但这些图案形态各异、构思奇巧，甚至将灵活的汉纹组织成一对挺拔的夔龙。与此

◎图6-5 挂落与花板的汉纹

扩展阅读：

### 恭王府的"福"字

恭王府花园的假山里藏有康熙皇帝为其祖母孝庄皇后祝寿而书的"福"字碑。因康熙存世题字极少，此碑也倍显珍贵。康熙对"福"字情有独钟，曾潜心钻研其写法。由此可见，即使贵为天子，一生亦在求福。

类挂落相匹配的花板做法和彩画截头相近，主体均为中央的菊花盘和两端的蝙蝠。菊花盘或方或圆，蝙蝠或单或双，均无定式，完全视具体尺寸而定。

乔家大院的门窗雕饰、斗拱、挂落边饰等均有以汉纹为主题的做法，其无尽的变化颇值得细细品味（图6-6）。但无

◎图6-6 各类构件的木雕汉纹

论如何变化，蝙蝠、菊花盘等元素都是不可或缺的。木雕汉纹与彩画相类，同样具有汉纹锦的层次关系，只是从平面的图案转化为立体的造型。木雕汉纹的彩画也与汉纹锦图案大同小异，菊花盘内所嵌的玉石还时常采用特殊的大理石纹。

乔家大院各宅的中轴线上布置着宅门、屋门等一系列精致的门楼。凡带正脊者，屋脊几乎是清一色的汉纹砖雕（图6-7）。若与挂落对比，就会发现这些汉纹也构成了一只蝙蝠。只不过挂落里的蝙蝠以倒置的形式暗指"福到了"，屋脊的蝙蝠则因结构关系而正向摆放。与木雕相比，此处的砖雕汉纹更显古朴，除中央作为点睛之笔的吉祥图案外，夹带成分很少。汉纹在砖雕栏杆中复杂了不少，在各类饰带中则因构图

◎图6-8 各类构件的石雕汉纹

所需而增加了大量的绳线、圆环及古钱。至于石雕汉纹，则缺乏雕饰应有的立体效果，在乔家大院这一难得的艺术宝库中不免留下了些许遗憾（图6-8）。

# 高风和亮节同道

对古雅的推崇除博学多闻之外，还需要体现古之君子的雅好与气节，其中最直接的表达莫过于琴棋书画四艺图（图6-9）。要知道，敕撰《宣和博古图》的宋徽宗也有此好，还在宫中相应设有四阁。乔家大院的四艺雕饰或于栏杆处一并出现，或于盘头成组出现，同样夹带了诸多古玩，甚至增加了寿星、暗八仙等世俗题材。

"三友""四友""四君子"等题材是体现文士之高风亮节的间接方法。其中松、竹、梅"岁寒三友"所表达的坚毅、有节、孤傲之德倍受士人追捧。至迟元代，"寂寞无人亦自芳"的兰花加入其中，便使"三友"转为"四友"。明代出现了与"四友"十分相近的"四君子"，只不过以"冒霜吐颖"之菊代松而已。乔家大院的花木题材一如既往地搞了不少夹带，如在四君子中夹带了牡丹和莲花，从而又以春牡丹、夏莲花、

◎图6-9 琴棋书画的组合

秋菊、冬梅组成了"四季花"。然而，"四君子"与"四季花"的内在含义可是大异其趣，其原因在于文人士大夫和平民老百姓对花木的解释不甚相同。"四季花"这一民俗题材要表达的含义是一年四季喜事不断。这里的富贵牡丹自不必多言，

◎图6-10 梅兰竹菊的组合与夹带
◎图6-11 寓意清高的挂落边饰

出淤泥而不染的花中君子成了连生贵子的符号，菊花取意长寿，梅则因花分五瓣而代表五福临门。于是乎，"四君子"和"四季花"中重合的菊与梅就不得不做个容易导致"性格分裂"的"兼职"了（图6-10）。表达清雅高洁的题材在挂落两侧的边饰中多有运用，往往取苍松、修竹、寒梅、幽兰、霜菊中的一至两种，并不贪多。它们拥有同样精湛的透雕工艺，而夹带一两个古钱、如意同样是难免的（图6-11）。柱间的雀

扩展阅读：

**四君子的由来**

明黄凤池所辑《梅竹兰菊四谱》内，有陈继儒"题梅竹兰菊四谱小引"。文中称梅竹兰菊为"四君"，其后被引为"四君子"。

替仍以汉纹为轮廓，以梅、兰等物回转穿插其间，却忘不了增加两只喜鹊，组成"喜上眉梢"的吉祥图景。即使题材相同，雕饰的设计也大相径庭。举目观之，当年那群无拘无束、活泼欢快的民间匠师仿佛就在眼前。

如果说图像的含义过多过繁，那么文字就单纯了不少。一院内厅门尚留有乔致庸孙婿、民国时期被誉为"华北第一枝笔"、与吴昌硕并称"南吴北赵"的著名书法家赵昌燮（字铁山，号汉痴）所题楹联一副。文曰："诗书于我为曲蘖（niè），嗜好与俗殊酸咸。"表达了视诗书为美酒、与世俗有别之意。其中上联典出北宋苏轼《又一首答二犹子与王郎见和》之"诗书与我为曲蘖（niè），酝酿老夫成摺（jìn）绅"；下联取自唐韩愈《酬司门卢四兄云夫院长望秋作》之"云夫吾兄有狂气，嗜好与俗殊酸咸"。同出赵昌燮之手的楹联"敏而好学无常师，和而不流有定守"与此相近，而二院屋门前的"言必典彝行修坛宇，门无杂尘家有赐书"一联，也表达了类似的含义。上联为言行有度，下联典出唐姚思廉《梁书·王暕（jiǎn）》之"居无尘杂，家有赐书"。唐李善注曰："韦昭《吴书》曰：刘基不妄交游，门无杂宾。《汉书》曰：班彪幼与兄嗣共游学，家有赐书，好古之士自远方至。"就算如此脱俗之联，仍有四只蝙蝠上下翻飞（图6-12）。

◎图6-12 二院屋门楹联

## 喜旧与求新并行

为求雅而追古，并不代表乔氏家族对新事物的漠视。正如雅与俗的并存一样，乔家大院中古与新的题材同样形成了矛盾的统一。四院正房就有这样一组特殊的砖雕栏杆，其主题虽为博古，但中央最突出的却是形状各异的座钟，其上均

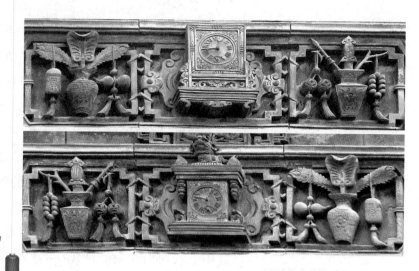

◎图6-13 博古图中的座钟

扩展阅读：

**故宫交泰殿里的自鸣钟**

据清鄂尔泰等《国朝宫史·宫殿》记载，"（交泰）殿中设宝座，左安铜壶刻漏，右安自鸣钟。"看来皇帝也把自鸣钟当宝贝。

刻有罗马数字（图6-13）。同样的罗马数字，不由使人想起了彩画中出现在博古图里的怀表。

既然乔家大院的博古图普遍夹带着富贵、吉祥的寓意，那么此处当不例外，座钟两侧插满宝贝的古瓶就是明证。这样看来，座钟本身应当就是宝物。事实上，如果看看乔家大院的各类招财进宝图，座钟的宝物身份也就不容置疑了（图6-14）。要知道，当时的洋货可是价值不菲，而且极难购得。这种连皇帝都当宝贝的东西，身价简直和与之并列的聚宝盆相当。由座钟的身份反观博古图，那么这些古物所隐含的财富寓意便昭然若揭了。乔家大院随处可见的古玩在标榜主人文士身份的同时，也在彰显其富贵。没有钱，还谈什么收藏？难能可贵的是，座钟在空间里引入了时间的概念，告诫族人光阴荏苒，须倍加珍惜。

既然出现了新事物，那么就有必要反映一下新时代。在紧跟时代潮流的乔家大院里，随之出现了崭新的装饰题材——五色旗和青天白日旗（图6-15）。五色旗为民国初年北洋政府的国旗，旗面依红、黄、蓝、白、黑顺序横向排列，象征汉、满、蒙、回、藏五大民族，以及火、土、木、金、水五行和仁、义、礼、智、信五德。而满族早期用以代表天干的五色旗，亦与之类同。至南京国民政府成立后，五色旗便被青天白日满地红旗所取代。而乔家大院被各类吉祥图案簇拥的五色旗和青天白日旗，也就作为特定历史时期的象征而保留至今。

◎图6-14 招财进宝图中的座钟

◎图6-15 吉祥图案围绕的五色旗和青天白日旗

# 大富大贵

　　乔家大院与富贵相关的雕饰才是主人需求最直接的反映，也是无须附庸风雅、无须刻意夹带的真性情的体现，从而成为乔家大院的特色所在。因为这里毕竟是大商人的宅院，不是什么田园草庐，也谈不上朴素清雅。否则，乔映霞也不会写出"幸有两眼明，广交益友；苦无十年暇，熟读奇书"的楹联。乔家大院展现富贵的装饰题材，充分体现出主人汇通

◎图6-16 挂落的木雕八骏

天下的胸怀，以及仗义疏财的豪气。至于官禄与财富在主人心中究竟孰轻孰重，亦隐藏在琳琅满目的图画间。

# 汇通天下应在我

五院宅门前有一副木雕挂落，同样的倒悬蝙蝠、汉纹博古，乍看与寻常无异。然而，其主题"八骏"却大有文章（图6-16）。"八骏"是周穆王巡游天下的驾车骏马。在乔家商铺集中的内蒙古一带，藏传佛教中财宝天王的部属则为八骏财神。八骏出现于此，恰恰反映出乔氏家族驰骋商海的经历，以及晋商鹏程万里、汇通天下的豪情壮志。二院大门也有一副相同题材的挂落。二者相较，从人物的出现、人与马的位置变化，以及八匹骏马站立、啃食、翻滚、奔腾、静卧、回首、追逐的姿态，足见民间匠师对事物的细致观察和不拘一格的设计思想。

车马已经齐备，接下来就需要道路通畅了。于是乎，一院的影壁就被用来做成一面大幅砖雕。砖雕中十只瑞鹿成对出现，取意"路路通顺"（图6-17）。正所谓"要想富，先修路"，保证一路畅通才能生意兴隆。更重要的是，这里的路不仅表示道路，更在暗示门路。但无论什么样的路，十条总也够多了。这里的土地祠没有单设，而是占了影壁的便宜，不愧为一箭双雕之举。按照这种惯例，此处大型雕饰必须再增加一些含义方才够本。因此，鹿就成了"禄"，其口中还多出了寓意健康的灵芝或"鹿衔草"。同时，鹿总与南极仙翁相伴，又脚踏寿石，加上一角的松枝，长寿的寓意十分明显。此外，晋中地区喜以鹿、鹤、梧桐组成"六合同春"的雕饰，表达

扩展阅读：

**穆王八骏**

东晋郭璞注《穆天子传·古文》有"天子之骏: 赤骥（骐骥）、盗骊、白义、逾轮、山子、渠黄、华骝、绿耳"。东晋王嘉《拾遗记》则有"王驭八龙之骏"，并录其名曰：绝地、翻羽、奔宵、超影、逾辉、超光、腾雾、挟翼。

◎图6-17 土地祠砖雕 "路路通顺"

春满人间之意。而这里鹿与梧桐俱全，其意已在。至于独缺仙鹤的原因也不言而喻：顺手搞些夹带可以理解，但不分轻重、淡化主题的做法还是要不得的。

想要汇通天下，尚须内外兼修。首先是对外，一院跨院厅门前赵昌燮所书"会芳"匾，便体现出乔氏家族广聚贤才的需求（图6-18）。此匾琢为一片芬芳的莲叶，既应和了"芳"字，又表明与主人往来者皆为君子，可谓妙想。其次

◎图6-18 一院跨院"会芳"匾

是对内，五院侧门上方的"洞达"与"静观"二匾同出赵昌燮之手，反映出主人动静等观、意在变通的处世理念（图6-19）。二匾典出《易·系辞上》之"是故阖户谓之坤，辟户谓之乾；一阖一辟谓之变，往来不穷谓之通"。南宋方实孙《淙山读周易》释之曰："阖户取其静密之义……辟户取其洞达之义。"二匾置于门之两侧，既取开合，又兼变通，构思堪称奇巧。

◎图6-19 五院侧门匾额

# 扶危济困未曾忘

乔氏家族经商之余，每每仗义疏财、扶危济困。因之，上至官府、下到乡里均对乔家赞誉有加，乔家也籍此与朝中大员拉上关系，为买卖的顺畅铺平了道路。乔家大院所藏的名人真迹，亦成为家族荣耀的象征。如乔家在"庚子事变"中慷慨解囊，事后慈禧太后命山西巡抚丁宝铨题"福种琅嬛"匾赠之。"琅嬛"典出元伊世珍《琅嬛记》，指撰写《博物志》的西晋张华被仙人引入的洞天福地，内藏奇书无数。

扩展阅读：

**乔映奎的"身备六行"**

祁县村民为乔映奎赠送"身备六行"匾时，本意是夸赞其六种德行（xíng）。但乔映奎小小地幽默了一下，有意把这个多音字读错，说乡亲们是取笑乔家有六样行（háng）当而已。

◎图6-20 百寿影壁，左宗棠题楹联

在清光绪初年的旱灾中，乔家开仓捐银，遂得直隶总督兼北洋大臣李鸿章亲题"仁周义溥"匾，盛赞其仁义之举。同时，乔家又在李鸿章组建北洋舰队时，以白银十万两购买军舰一艘，由是获李赠铜制楹联一副。联曰"子孙贤，族将大；兄弟睦，家之肥"，现悬于堡门两侧。光绪年间，钦差大臣左宗棠转战西北，所需军费多由乔家票号存取汇兑，特于回京途中拜访乔家，并在堡门对面的百寿影壁两侧题联曰"损人欲以复天理，蓄道德而能文章"（图6-20）。上联典出北宋程颐《伊川易传·损》，即克己复礼。下联典出北宋曾巩《寄欧阳舍人书》，意为只有道德高尚、文章高明的人才能做到公正与正确。

　　民国年间，乔映奎善行乡里，因之获祁县三十六村村民赠匾曰"身备六行"。其典出《周礼·大司徒》之"六行：孝、友、睦、姻、任、恤"。东汉郑玄注曰："善于父母、善于兄弟、亲于九族、亲于外亲、信于友道、振忧贫者。"事实上，从一院正房前高悬的"为善最乐"匾，即可看出乔氏族人对行善积德的态度（图6-21）。此匾源出南朝宋范晔《后汉书·东平宪王苍传》，文曰："（汉明帝）问东平王：'处家何等最乐？'王言：'为善最乐。'"

◎图6-21 一院正房"为善最乐"匾

◎图6-22 门鼓石雕饰"五子夺魁"

总之，虽然乔氏家族获赠的楹联匾额为数众多，但内容无非是标榜其德才兼备，其中更以德为重。若从乔氏的发展考虑，则这些楹联匾额亦堪为家族的座右铭，告诫族人在争霸商海的同时还须多做善事，切勿为富不仁。百寿影壁上方的"履和"二字完美概括了乔家和气生财的理念。"履和"典出《易·系辞下》之"履和而至"，唐李鼎祚《周易集解》有"谦与履通，谦坤柔和，故履和而至。礼之用，和为贵者也"。基本意思是以和为贵。

# 官禄无非水中月

与山西各地的民居一样，乔家大院的雕饰里也有不少五子夺魁一类与官禄有关的题材（图6-22）。谐音表达的则有三枚香圆组成的连中三元，马、蜂窝、猴组成的马上封侯，以及马、蜂窝、猴、印组成的挂印封侯等（图6-23）。然而，通过在中堂的发展可知，大院主人关注的重点是朝中有人好办事，而非自己去求取功名。正因为心在从商，所以主人对顶戴花翎一类的题材并不执著，这在大院的图像和文字中均有反映。

四院跨院屋门"骑鲸捉月"的门鼓石雕饰，取唐代李白乘醉入水捉月、骑鱼成仙的典故（图6-24）。所谓鲸，就是大鱼，在雕饰中多作鲤鱼。因李白身着官服，又跨鲤而行，所以这一题材在民间有时被释为鲤鱼跃龙门。然而，更多的解释则倾向于仙释或隐逸。实际上，只要看看李白的身世和乔家大院的特殊语境，哪种解释更加合理是显而易见的。李白的一生充满了仙气。首先，传说他是母亲夜梦太白金星（即长庚星）而生的。其次，贺知章因李白才华横溢而送了他一

扩展阅读：

**才子李白**

元辛文房《唐才子传·李白》有："李白，山东人。母梦长庚星而诞，因以命之。十岁通五经，夜梦笔头生花。后天才赡逸，名闻天下……晚节好黄老，度牛渚矶，乘醉捉月，遂沉水中。"

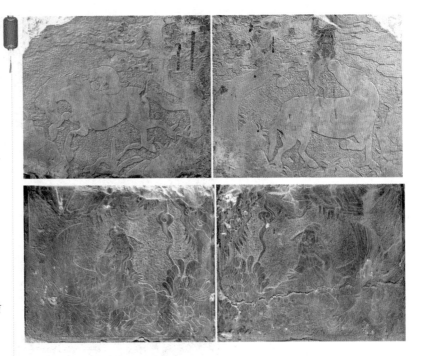

个"天上谪仙人"的雅号。再次,李白本人嗜酒放浪,自称"酒仙"。李白的结局也亦真亦幻,连苏轼都称其为"骑鲸公子"。事实上,古代的骑鲸跨鲤,本身就有隐逸之意。西汉刘向《列仙传·琴高》记载了琴高跨鲤的传说,讲琴高入涿水中取龙子,后乘赤鲤出水的故事。李白本人的诗句更是瑰丽奇幻,且充满了藐视权贵之意。因之,"骑鲸捉月"这一题材显然与官禄无缘。那恰如镜中花、水中月的宦海看上去很美,但对乔家大院的主人而言,却不如效仿陶朱公,遁入商海来得实在。

同样在四院,大门对面的影壁上录有北宋王随的《省分箴》一篇,落款是"屠维协洽夏皋月,汉阳邑赵昌燮书"(图6-25)。此文通过列举世间万物的本性,劝诫世人道法自然、知足常乐,颇具仙风道骨。全文如下:夕晦昼明,乾动坤静,

物禀乎性，人赋于命。贵贱贤愚，寿夭衰盛，谅夫自然，冥数潜定。蕙生数寸，松高百尺，水润火炎，轮曲辕直。或金或锡，或玉或石，荼苦荠甘，乌黔鹭白。性不可易，体不可移，揠苗则悴，续凫乃悲。巢者罔穴，泳者宁驰，竹柏寒茂，桐柳秋衰。阙里泣麟，傅岩肖象，冯衍空归，千秋骤相。健羡勿用，止足可尚，处顺安时，吉禄长享。

## 财富密码画中藏

如果说官禄对乔氏家族而言仿佛空中音、象中色，那么财富可是实打实的命根子、心头肉。在乔家大院的雕饰中，就

### 沈万三的聚宝盆

民间盛传明代著名豪富沈万三藏有一个聚宝盆，放入任何东西都能取之不尽、用之不竭。到了清代，连著名的海宁陈氏、相传为乾隆皇帝生父的文渊阁大学士陈元龙也对聚宝盆及其使用方法津津乐道，说明不食人间烟火的还是少数派。

充斥着各式各样的财富密码。所谓君子爱财，追求富贵毕竟不是什么见不得人的事情，只要取之有道、用之有节就好。

招财进宝图是主人求"财"若渴的直接表述，其中最显眼的莫过于各式各样的聚宝盆和摇钱树。乔家大院的聚宝盆多为敞口的古器物，盆中之宝则以宝珠数枚表示。有些宝珠生出熊熊之火，以示神异不凡（图6-26）。事实上，此类火焰宝珠源出释门，代表佛教中的七珍宝。根据南朝宋释畺（jiàng）良耶舍译《观无量寿佛经义疏》记载，七珍即"金、银、琉璃、颇梨、珊瑚、玛瑙、砗磲（chēqú）"，多为奇珍异宝。在四院跨院屋门的花板间，有一对熠熠生辉的金元宝，亦可算作聚宝盆的袖珍版。屋门北向的垂花门，则以一对白菜与之相对（图6-27）。白菜谐音"百财"，并以其特有的形象暗示清白。出现于此，意味着积累财富之余，还当恪守诚信之德。

雕饰中的"刘海戏蟾"（图6-28）同样寓意财源兴旺。据说刘海本名刘元英，五代时官居宰相，后遇钟离权点拨，出家成仙。三足蟾为月宫神物，能口吐金钱，所以刘海捉之以周济世人。刘海的传说由来已久，唐施肩吾《西山群仙会真记》就有"海蟾子刘操"。至于刘海的形象，则以散发赤足、

◎图6-26 盘头砖雕中的聚宝盆与摇钱树　　　　◎图6-27 花板间的元宝与白菜

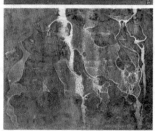

◎图6-28 雕饰中的"刘海戏蟾"

喜笑颜开者居多。乔家大院的刘海袒胸舞钱、金蟾在侧，只是多了双鞋而已。那绳线上成撂的金钱，仿佛从空中滚滚而下，都落在金碧辉煌的院子里。

乔家大院的财富盛宴中，自然少不了富贵牡丹的参与，且往往刻于显眼的地方（图6-29）。同时，主人清楚地知晓追求财富不能指望空中掉馅饼。于是乔致庸亲题了一副楹联悬于内室，曰"求名求利莫求人须求己，惜衣惜食非惜银缘惜福"，以表生财有道、用财有节之意。其典出自"惜食惜衣，非为惜财缘惜福；求名求利，但须求己莫求人"，录于清梁章钜《楹联丛话·格言》，传为桂林陈文恭公自题。

◎图6-29 雕饰中的"凤戏牡丹"

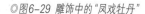

# 祥和美满

　　吉祥如意、长寿多子、家庭和睦乃世人的普遍追求，并非商宅所独有。然而即使如此，乔家大院的此类雕饰也颇有其独到之处。作为居住之所，主人自然渴望安逸，四院侧门赵昌燮所书"居之安"就是其向往的体现。

## 吉祥且看八和四

◎图6-30 上海南市书隐楼砖雕"八仙庆寿"

　　乔家大院表达吉祥含义的雕饰多与数字有关，最典型的莫过于佛家八宝和道家八仙。佛家八宝由法轮、法螺、宝伞、白盖、莲花、宝罐、金鱼、盘长组成，亦称八吉祥。乔家大院的八吉祥常为系列雕饰，但不一定全部雕出，给人留下遐想的空间。道家八仙为铁拐李、钟离权、吕洞宾、张果老、蓝采和、何仙姑、韩湘子、曹国舅。在传统民居中，常以八仙庆寿、八仙过海等题材组成大型雕饰，上海南市书隐楼就有一例（图6-30）。乔家大院的八仙多以其持物代替，成为所谓的"暗八仙"（图6-31）。无论八宝还是八仙，图案中些许的夹带均属司空见惯。

　　与四相关的吉祥纹饰包括春牡丹、夏莲花、秋菊、冬梅组成的四季花，以及香圆、石榴、佛手、仙桃组成的四果图（图6-32）。在四果图中，香圆象征喜庆、圆满，后三者典出"华封三祝"或"华祝三多"，表示多子、多富、多寿。事实上，此三多与民间备受推崇的福、禄、寿三星不无关系。在一院宅门挂落中央的三星中，中央着官服的无疑为禄星，与三多中的"富"对应，是商户最看重的财神爷。其左手的

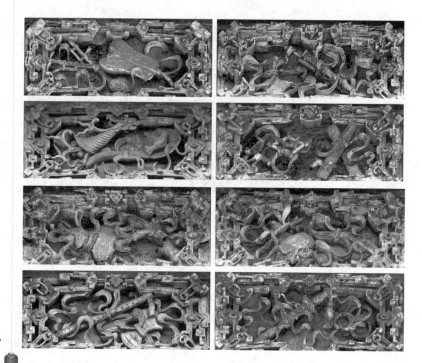

◎图6-31 木雕中的"暗八仙"

◎图6-32 雕饰中的四果与三星

扩展阅读：

## 八仙的世俗化

在北宋李昉（fǎng）《太平广记·八仙图》所引《野人闲话》中，八仙为李己、容成、董仲舒、张道陵、严君平、李八百、长寿、葛永璝（guī）。至明代，方才转为当今众所周知的八位仙人。如明王世贞《弇（yǎn）州续稿·题八仙像后》所言："凡元以前无一笔"。由八位仙人的转化，可以明显看出其世俗化的倾向。

福星因为世人对"福"的多重解释而有些麻烦。为迎合大众对特征突出、简单明了的期待，于是抢了送子张仙的生意，以多子多福同三多中的"子"对应起来。大脑门的寿星没有争议，成为"寿"的代言人。（图6-32）无论三多还是三星，发财都位居中央，至于走的是官路还是商路，则无须过分追究。正因为二者的对应，四果图在民间也就成为福禄寿喜的象征。

其他的四位数中，由四只狮子谐音组成的"四时如意"图遍布全宅（图6-33）。细心的匠人生怕意思没有传到，有时还要专门加个如意来强调一下。乔家大院木、砖、石雕刻中狮子的形象或威武勇猛，或灵巧活泼，千变万化、无一雷同，是当之无愧的杰作。说到四，其实不单指四种纹饰，还包括各式各样的四字吉祥图。三院大门由九只狮子组成的"九世同堂"挂落就是一例（图6-34）。九世同堂典出后晋刘昫（xù）《旧唐书》，说九世同堂的张公为高宗写下了百余

◎图6-33 雕饰中的"四时如意"

◎图6-34 雕饰中的"九世同堂"与"事事如意"

个忍字，把皇帝感动得痛哭流涕。要知道，父子笃、兄弟睦、夫妇和等等都是九代同居的必要条件，但这么大的家庭共居一处，没有"百忍"的修炼怕是挺不住的。与八骏类似，此处灵动的九狮也显示出民间匠师深厚的功力。盘头、门鼓石等处成对的狮子，则组成了"事事如意"（图6-34）。类似的吉祥图还有戟、磬、如意组成的"吉庆如意"，三只羊组成的"三阳开泰"等（图6-35）。

◎图6-35 雕饰中的"吉庆如意"与"三阳开泰"

◎图6-36 以寿为主题的雕饰

◎图6-37 象征长寿的龟背锦

# 长寿应到八九十

长寿是凡人的普遍向往,其中最具代表性的人物非寿星、麻姑莫属(图6-36)。代表性动物分别为龟、鹿、鹤,代表性植物则为桃。其他还有美其名曰寿石的顽石,以及变幻莫测的"寿"字。与金青画中的"百寿"图案类似,雕饰中的"寿"字也是长命百岁的直接表达。乔家大院的各类"寿"字往往字体狭长,取意长寿。其中最精彩的当推堡门对面的百寿影壁,百字百态,鸟兽虫鱼无所不包,堪称精品。

虽然寿星的岁数实在无法考证,但其"宠物"鹿、鹤,以及灵龟还是有据可查的。古人常将龟作为长寿的象征。南朝梁任昉(fǎng)《述异记》有"龟千年生毛,龟寿五千年谓之神龟,万年曰灵龟"。在乔家大院里,不少墙面都饰有龟背锦,表达了主人对长寿的渴望(图6-37)。关于鹿,《述异记》有"鹿千年化为苍,又五百年化为白,又五百年化为玄"。常作为仙人坐骑的鹤,在传说中和鹿也没什么两样。据西晋崔豹《古今注·鸟兽》记载:"鹤千岁则变苍,又二千岁变黑,所谓玄鹤也。"看来灵物升级靠的是变色,黑色则成了顶级的标

◎图6-38 雕饰中的鹿与鹤

◎图6-39 雕饰中的"耄耋图"

志。在乔家大院盘头的砖雕里，还真有所谓玄鹿玄鹤，带着数千年的功力驰骋纵横，一看就是顶级选手（图6-38）。更多的鹤则出现在周身施彩的斗拱中，虽然仅以头、颈示人，但林林总总、层出不穷，把美好的祝愿洒满人间。

桃为什么能代表长寿呢？首先是桃树自身长寿。北魏贾思勰的《齐民要术》引《汉武故事》曰："西王母种桃，三千年一着子。"东晋王嘉《拾遗记》更有"万岁一实"之说。几千年、上万年才结一次果，寿数确实比灵龟长很多。其次是能使人长寿。西汉东方朔《神异经》说桃令人益寿；《神农经》更夸张，居然说"玉桃，服之长生不死"。然而，所谓千岁、万岁、不死都不过是自欺欺人。要活上千年、万年，怕是真变成怪物了。既然上述异闻都不靠谱，那么怎样算是长寿呢？《庄子·盗跖》有"人上寿百岁，中寿八十，下寿六十"。古人想取上寿是难上加难，下寿则略嫌不够，所以一般把理想目标锁定在中寿八十，也就是八九十岁的耄耋之年。正是这种期盼，带来了与之谐音、人气极旺的猫蝶图或猫菊图。尤其在四院垂花门一侧，雕饰中云聚风起、菊摇蝶舞，寿石上一猫抬眼望蝶、伏地欲扑，动态十足（图6-39）。

# 尽孝需子孙万代

《孟子·离娄上》"不孝有三，无后为大"之句，直接上

### 吃黑鹿肉延寿的记载

南朝梁任昉(fǎng)《述异记》说,吃了黑鹿肉,能活两千岁。根据上文鹿两千年变黑的说法,其实相当于把鹿活的岁数给吃进去了。

◎图6-40 挂落中的葡萄

纲上线，将无后与不孝等同起来。因此无论贵贱，多子多福就成为古人执著的追求。在乔家大院的雕饰中，这种追求也就化作了俯仰皆是的花果与瑞兽。同时，此类雕饰主要集中在内宅，是女子关注的重点。

寓意多子的花果以莲花、葡萄、葫芦和石榴为代表，其中葡萄又尤其受宠，从一院到五院的屋门挂落全都以葡萄为饰（图6-40）。这还不算，大部分正房顶部的栏杆也在中央雕满葡萄，不少垂莲柱端部还是硕果累累的葡萄（图6-41）。此情此景，恐怕让不明就里的老外误以为这家是做酿酒生意的。他们也很难想象，乔家大院的粒粒金珠都有其内在的吉祥祝愿。葡萄丰产多子的寓意从其外观一看便知。同时，乔家还将葡萄与老鼠组合入画，取与十二生肖之鼠对应的十二地支之"子"，以及鼠类超强的繁殖能力。然而因为老鼠有品行问题，所以文士多以松鼠替代。就葡萄本身而言，尚有丰收之意。明陶安《梅竹兰葡萄图记》以梅竹兰之幽潜与葡萄之富贵相较，谓其为"四美"。观乔家大院的葡萄雕饰，则根坚藤软、枝瘦叶肥、果圆欲坠，且无一处雷同，当真美不胜收。

多子的标准是什么呢？雕饰中大大小小的葫芦给出了答案，那就是"子孙万代"（图6-42）。这是因为，葫芦之"蔓"与"万"谐音，而葫芦又有多籽的特征。同时，其蔓藤绵延不绝，葫芦大小不一，正象征着子子孙孙无穷尽也。石榴比葫芦略微收敛一些，号称"榴开百子"。实际上，在希腊神话里，掌管婚姻和生育的天后赫拉就以石榴为圣物，故而石榴多子之说应该算是个引进产品，且早在引进初期就已成为多子的象征。如唐李延寿《北史·魏收》载："石榴房中多子，王新婚，妃母欲子孙众多。"在一院屋门的楹联雕饰中，就有此类生动的"榴开百子"图（图6-43）。

◎图6-41 栏杆与柱头的葡萄

◎图6-42 雕饰中的"子孙万代"

◎图6-43 雕饰中的"榴开百子"

◎图6-44 雕饰中的麒麟

仅仅多子还不算，只有贵子才符合要求。于是乎，著名的仁兽麒麟就被用来满足人们日益增长的各项需求。《诗经·麟之趾》便将贵族子孙与麒麟媲美。而麒麟所送之贵子其实就是孔老夫子，东晋王嘉《拾遗记》有："夫子未生时，有麟吐玉书于阙里人家，文云：'水精之子孙，衰周而素王。'"在这样的背景下，乔家大院便麒麟满堂，且多数周身有火焰缠绕，以显神异（图6-44）。其姿态更是随构件之形任意发挥，并无固定模式。

# 和美要成双入对

家庭和睦、琴瑟和鸣是祥和美满的必要条件，而龙凤呈祥则是夫妻恩爱的代表性图案。然而在过去，龙凤可是帝王独享、老百姓禁用之物。民间想讨龙凤呈祥的吉利就要搞点变化，于是夔龙、夔凤就应运而生了。如四院屋门的斗拱没有采用常见的鹤头，而是以夔龙和夔凤寓意龙凤呈祥（图6-45）。夔龙自然没有真龙的鳞爪，只能从眼、鼻、角加以辨认。夔凤则更趋细巧，不仅冠、耳分明，甚至睫毛都仔细刻画出来。虽说龙凤不得擅用，但至少在乔家大院，凤戏牡丹一类的图案还在大行其道。究其原因，一方面是天高皇帝远，另一方面则是清代晚期规制不严所致。

无论如何，乔家人总算识趣，还没敢僭用真龙。正因为如此，在各类"龙凤呈祥"的雕饰中，往往把龙换成了麒麟。麒麟由龙头、鳞身、马蹄、狮尾组成，实际上就是一种兽形龙，其好处就在于没有等级限制。同时，所谓"麟凤呈祥"也有其渊源。传说中的黄帝有"麒麟在囿，鸾凤来仪"，元释大欣《谢郭道渊以诗庆住新寺》亦有"麟凤呈祥五百年"。而麟子凤雏，则是古人对俊秀子弟的赞美。在各院屋门的斗拱与

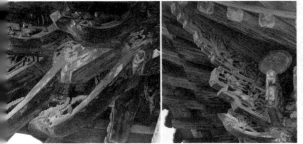

◎图6-45 雕饰中的"龙凤呈祥"与"麟凤呈祥"　　　　　　　　　　　◎图6-46 雕饰中的狮与凤

角梁相交处，还时常以狮带麟，与凤呼应（图6-46）。狮与麟在外观上相去无几，只是少了角和鳞。同时，乔家大院雕饰中的狮子踏云而行，显然具有神性。因此，这里的狮凤组合当与龙凤呈祥同类。在乔家各院的内宅屋门中，斗拱于上祝夫妻和睦，挂落在下祝子孙绵长，不愧为珠联璧合的杰作。

　　大院雕饰中成对出现的"乾马坤牛"图案也是夫妻和合的象征（图6-47）。因为马刚健而牛柔顺，所以八卦中的乾、坤二卦分别以马和牛为代表。又因乾为阳、坤为阴，所以早在宋赖文俊《催官篇》中，就有"乾马亘天，坤牛望月"之说，民间也俗称海马朝阳、犀牛望月。所谓海马、犀牛，就像明清武官补服中的海马和犀牛一样，不过是把普通的动物神异化而已。马还是拉车的马，牛还是耕地的牛，只是成了有云气环绕、与日月相伴的神兽。海马倒还没有什么争议，但犀牛和黄牛在形象上差异过大，所以又有了"牺牛"之称，也就是古代用作祭品的纯色牛。

◎图6-47 木雕"乾马坤牛"

扩展阅读：

### 擅用龙凤的下场

　　明代开国功臣廖永忠和耿炳文就是因僭用龙凤而获罪的，其下场则是一个字：死。据清张廷玉《明史·廖永忠》载，"八年三月，坐僭用龙凤诸不法事，赐死"。要知道，廖永忠可是屡立战功、被朱元璋称为"奇男子"的人物。《明史·耿炳文》则有"刑部尚书郑赐、都御史陈瑛劾炳文衣服器皿有龙凤饰，玉带用红鞓（tīng），僭妄不道。炳文惧，自杀"。到了清代，《大清律例》对此也有严格规定。

　　五院正房栏杆的"鸳鸯戏莲"砖雕（图6-48），引出了一个正史中未曾提及的"非主流"典故，那就是唐玄宗和杨贵妃的恩爱生活。据元陶宗仪《说郛·致虚杂俎》记载，唐玄宗曾笑称杨贵妃膝裤上的鸳鸯莲花是真的，因为那图案遮盖着贵妃莲藕般嫩白的脚面。此情此景不禁令人想起白居易的千古绝唱《长恨歌》，而莲花中的一对鸳鸯，仿佛在诉说着"在天愿作比翼鸟，在地愿为连理枝"。同样，作为乔家大院的流行图案，"喜鹊登梅"在表达喜上眉梢之意的同时，也以成双入对的喜鹊祝主人夫妻和美（图6-49）。其"双喜临门"的含义也恰与乔家大院的布局相呼应。在不同类型的构件上，灵活的梅枝随形伸展曲折，颇具匠心。相关纹饰还有祝愿百年好合的和合二仙，即亲如兄弟的寒山与拾得。

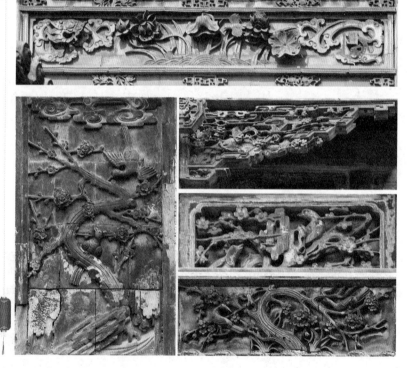

◎图6-48 栏杆砖雕"鸳鸯戏莲"
◎图6-49 雕饰中的"喜鹊登梅"

# 故纸锦灰堆
# 撷取追旧事

　　锦灰堆盛行于清末民初，俗称八破、打翻字纸篓，是以文房中各类古物为题材，拼凑而成的游戏之作（图7-1）。乔家自清乾隆中期发家，至抗战暴发后全面衰败，历经百余年。期间无论商业经营还是饮食起居，都留下了无数趣闻轶事。寸光流转，此类传闻大都已湮灭无踪。现今姑且于故纸堆中捃捡几条，做此锦灰堆，与诸位共享。得君一笑、一叹、一颔首、一拍案，即是不枉此番笔墨了。

◎图7-1 八破图

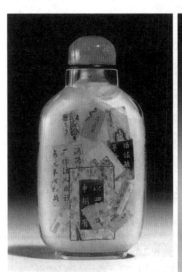

# 商业帝国的小秘密

所谓秘密，不过是个噱头。如果说乔家的商业帝国中真有秘密，那最核心的无疑是四个大字：诚实守信。这里的秘密其实就是故老口中风闻的一些轶事，虽未必板上钉钉，却也万变不离其宗，说的都是乔家的经营历程、买卖心得，外加一点窍门手段。说来说去，终归要以诚信、机敏、审时度势为先。

## 料事如神的高大掌柜

高钰，山西祁县人，16岁进入大德通票号。自学徒起，高钰历任伙友、分号经理，40岁时接任总经理，直至65岁病逝，前后服务大德通50年，执掌大德通25年，是将在中堂推向顶峰的关键性人物。在1900年八国联军侵华与1911年辛亥革命两次巨大的社会动荡中，高钰的才华展现得淋漓尽致。高钰推行的不少经营理念和原则，至今还值得世人借鉴。

◎图7-2 祁县城里的高钰像（左立者）

光绪二十五年（1899）天下大旱，哀鸿遍野，流民遍地。当旱情持续到第二年春天，一些商家依旧忙于盘剥灾民，将投机生意做得不亦乐乎之时，高钰已经敏锐地察觉到天下必将大乱，由此对时局变化愈发留心。不久，义和团运动在华北地区大规模兴起，山东、天津尤甚。高钰顿觉危机迫近，随即令济南、天津分号收缩业务。伴随着事态的发展，他又果断命令两地立即撤庄，人员暂留北京，所有现银运回祁县。果不其然，在大德通全身而退之时，留恋两地贪利的商家大

◎图7-3 瑞澂(前排左六)阅兵旧照

都玉石俱焚、损失惨重。不久，八国联军陈兵津门，窥视中枢。当时舆论普遍认为联军不敢入侵北京；就算北京万一失陷，打着文明自由旗号的联军也不会鱼肉百姓、为害商户。于是京城内依旧歌舞升平、买卖兴隆。但高钰的想法却与之相反，他即刻令北京分号收缩业务、催收欠款，并十万火急地把积存现银全部运回祁县总号。事实再次证明了高钰判断的准确与措施的得当，大德通再次逃过一劫。待时局平定，京城商户多元气大伤，大德通却借机大肆扩张，并于随后的十年内达到了历史上辉煌的顶点。

1910年6月，清廷委任瑞澂(chéng)为湖广总督(图7-3)。此人素与大德通有旧，是个十足的昏庸贪婪之徒，高钰对其能力与品行一清二楚。在得到分号通报后，他顿觉清室无人，竟让如此人物窃据高位。综合时局考虑，高钰再次预感到当地会发生巨变。于是他一反常态，大量收缩汉口等地业务，偿还外债、催收欠款。然而当时号内乃至祁县的东家们多数认为瑞澂(chéng)新任，应该利用已有关系大规模拓展业务。但高钰力排众议，依旧执行如故。一年之后，双十之日武昌一声炮响，两湖商业活动大受打击，汉口在随后的战斗中更烧成一片白地。大德通得益于高钰的远见卓识，又一次化险为夷。高钰执掌大德通如此成功，很多不明就里的人开始称其为赛诸葛，诸如他会夜观天象等传闻也随之而来。现在看来，这些传言自然是无稽之谈。高钰异于常人的危机预测能力和果决的应对能力的确需要天资聪颖，但更重要的是艰苦的学习与历练。正是几十年扎实工作的磨练，方才使高钰具备了如此"神力"。

高钰对外审时度势、避险求全堪称功勋卓著，对内订立规章、加强管理也卓有成效。大德通从光绪十年（1884）成立到民国二十一年（1932）以来，前后六次新定号规章程，基本都有高钰的参与和主持。其中不少条款甚至在现今的经营管理中，依旧具有重要的参考价值。如在1904年的章程中有：各连号不准东家荐举人位；如实在有情面难推者，准其往别号转荐；现下在号人位，无论与东家以及伙计等有何亲故，务必以公论公，不准徇情庇护。短短几句间，大德通的处事方法一览无遗：任人唯贤、坚持原则，但不乏变通，这恰恰是乔家百年辉煌的基石所在。

# 乔家堡中的神秘店铺

当游客漫步乔家堡村，与乡民故老叙谈之时，当年那个神秘而有趣的万川汇店铺也许会浮出水面。这个隐于村民委员会大院内的店铺开设于清道光晚期，至1940年停业，前后历经八任掌柜，堪称与在中堂共始终。万川汇对外门脸不大、样式普通，可当年在中堂上至老爷少爷，下到掌柜伙计，可谓无人不知，无人不晓。奥妙何在？打个比方，假如把乔家人比做清朝皇帝，那么万川汇就是内务府、军机处、御膳房、

**扩展阅读：**

### 高钰谋划的接驾

慈禧、光绪西逃期间，高钰火速与随驾大臣桂月亭取得联系，以获知中枢动向。銮驾一路西行至并，拟于10月1日自太原动身向南。高钰在9月28日即得到消息，通过与县令的协商，将行宫设于大德通票号内。随后，高钰又倾力采办货品、悉心侍奉，颇得慈禧一行的欢心。自此之后，大德通可轻易上达天听，在商海搏杀中自然更加游刃有余了。

◎图7-4 乔家映字辈旧照

宫廷造办处，同时还兼礼部、工部等。实际上，万川汇正是乔家设来为自己提供全面服务的一个专门机构。在满足主人所需的同时，也面向外部开展业务。

在这里，全国乃至世界各地的新奇玩意儿，都可以买到；各类山珍海味、罕见药材都可以见到。只要是在中堂需要的，万川汇就会去采购。为方便主人生活，万川汇便涉足房地产行业，提供置业购产、建材采购的全面服务；为方便主人交际，万川汇还包揽了年节迎送等各类礼仪事项。万川汇还对外兼营典当业务，但普通物件是不收的。这是因为，其目的不光是盈利，更重要的是为乔氏子弟提供奇货。

进一步考察这个特殊的店铺就会发现，商业经营不过是它的附带业务，而作为乔家联络中心的地位才是其核心价值所在。原来，这里负责在中堂经营业务涉及的所有通讯往来。遍布各大商埠的票号、茶庄、商铺、钱庄，每日有无数的报告、清单发往祁县。这些请示与汇报材料都要通过万川汇转呈东家，而东家的指示与意见也要通过万川汇发往全国各地。如果把乔家大院比作在中堂商业帝国的大脑，那么万川汇就是与大脑连接的神经中枢。没有它的运作，乔家的商业活动一天也维持不下去。这可真应了店铺的名称——万川汇，万股情报川流不息，皆汇聚于此。

万川汇还兼有接待站的功能。各地大小掌柜赴任、离任、账期结束进行汇报时，均须与东家

◎图7-5 大德恒总经理阎维藩
与大德通经理王万青

见面，他们一般就暂住在万川汇内。鉴于万川汇身兼如此众多的职能，任职于此的大掌柜自然也就身价倍增，即使广盛公、大德通、大德恒票号的经理亦对其礼遇有加。万川汇另有一个极为特别的职司，就是对一年来各地分号掌柜的业绩进行含蓄的评价。原来在每年年终，各地掌柜赴乔家堡汇报业务后，例行要由万川汇大掌柜主持，乔家财东出面，在万川汇内大排宴席表示慰问。然而，这宴席上的座次可是大有讲究，其排序不依年龄、不依资历、不依规模，唯一的依据就是本年的盈利状况。盈利多者居上位，寡者居末位。虽然都是一样的饭食、一样的酒水，但其中的滋味却足以令人刻骨铭心。如果连续几年居于末位，不需东家开口，那位掌柜早就知难而退了。

## 晋商的保密防伪绝招

在晋商博物馆的展柜里，一张泛黄的字纸也许会引起观者的注意。"〇、丨、刂、川、乂、8、亠、亠、三、夂"这一串天书般的怪异符号究竟是什么？又是做什么用的呢？其实这些字符是早年晋商使用的一种兼有速记和密码性质的计数符号，一般称为"汉码字"。汉码字与传统数字符号体系类似，以"〇、丨、刂、川、乂、8、亠、亠、三、夂"十个字符，分别对应0至9。它的另一个名称叫"苏州码"，似乎暗示其来源为苏州地区。那么远在江南的计数符号如何会流传到了山西？山西境内传唱已久的《扁担歌》在一定程度上给出了答案："扁担扁担软溜溜，担上黄米下苏州。苏州爱我的好黄米，我爱苏州的盘头大闺女。"原来自明代以后，晋商与江南的商贸往来已日渐频繁。大规模的长途贩运、票号交易自不必言，像卖黄米这样的小本经营居然也要下江南、走苏州，山西商人习

扩展阅读：

### 商界鱼头宴的习俗

掌柜可以排座次，那么对于一般的职员、伙计，又如何评判呢？在各地商界，大多有掌柜与伙计共进年终饭的规矩，这种宴席在南方又称尾牙饭。此席的关键就在于最后的一整条鱼。如果端上来时鱼头指向掌柜自己，就表示掌柜对所有人的表现都很满意。如果指向某位伙计，那他可就大祸临头了。这意味着掌柜认为此人表现不佳，想要辞退又碍于情面不忍开口，于是通过此法让其自行离去，以保全其颜面。由此，也就有了"尾牙无好顿"的说法。

◎图7-6 账簿中的汉码字

得当地流行的计数符号也就不足为奇了。

苏州码的历史相当悠久，其字型来源于早期算筹运算中数字的表达，基本形式早在南宋时期就已形成，当时被称为"草码"。明代以后珠算逐步普及，计数普遍采用南宋草码。在明程大位《算法统宗》中，此码又被称为"暗码"。暗码这一称谓，说明此码当时已进入商业领域，作为一种不为常人所知的密码使用。

商业经营中的造假一直是困扰买卖双方的大问题。对于晋商票号，这个问题就更加突出了，因为动辄成千上万两白银的汇兑可是万万不能出错的。为了确保安全，在使用汉码字的同时，票号还发明了保密性更强的防假密押。如作为山西票号鼻祖的日升昌票号，在书写汇票时就以汉字代替数字，并且定期更换，以防泄密。中国历史博物馆现存的一份防假密押以"谨防假票冒取，勿忘细视书章"表示1至12月；以"堪笑世情薄，天道最公平，昧心图自私，阴谋害他人，善恶终有报，到头必分明"表示1至30日；以"生客多察看，斟酌而后行"表示数字1至10；以"国宝流通"表示单位万、千、百、十。如果票号在5月18日汇银五千两，其暗号代码就是

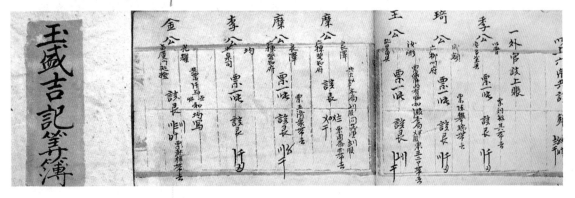

扩展阅读:

### 苏州码的使用

单纯的数字表达难以满足各行各业的记录需求,故而苏州码常与各类连续符码结合使用。如山西介休后土庙琉璃影壁上的构件标识就是苏州码和易经卦辞的结合。此影壁心共由四横四纵16块琉璃构成,自上而下分别命名为元、亨、利、贞,自右至左则为苏州码"〡、〢、〣、〤",由此简单有效地区分了构件的位置。

"冒害看宝"。如果说日升昌的密押充满了警示意味,显得颇为严肃,那么祁县存义公票号的密押则充满了文人雅趣。该密押以"智仁圣义中和,孝友睦姻任恤"表示1至12月;以"边地花浓媚,深闺草碧磁,都牵怀远绪,已惹断肠思,何事流黄月,重来照薄惟"表示1至30日;以"莺莫啼,佳梦觉,琴眉低"表示数字1至9,画圈则为0(图7-7)。除汇票外,晋商也将密押推广到各个行业,如典当、货物等。在这里,传统文化与商业保密的完美结合,不由令人对昔日晋商的聪明才智愈发钦佩。

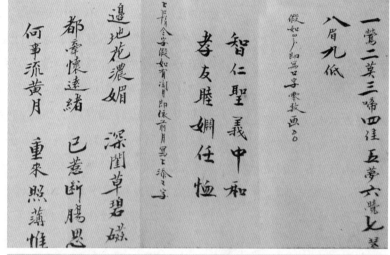

◎图7-7存义公密押与棉花收购密押

# 乔氏育人的大智慧

在中堂绵延百余年而兴盛不衰绝非偶然，其中商业资本的支撑自不可少，但乔氏族人综合素质的出类拔萃才是更重要的原因。总而言之，子弟教育乃是乔氏兴旺的基石所在，严格的家规亦起到了不可忽视的作用。

## 十年可树木　百年方树人

乔家自贵发公发家之后，就非常重视子弟的教育。在人口有限的全字辈时期，乔家于保元堂内设置家塾，由此直接带动了保元堂一支的尚儒之风。在中堂子弟早期均在保元堂读书，但后来保元堂偏重读书仕进，在中堂则热衷货殖之业。随着在中堂人口的增加，加上两堂子弟发展目标的差异，天长日久难免摩擦。于是到乔致庸执掌在中堂时，就在一院跨院内自行开设了私塾，延请名师执教（图7-8）。

扩展阅读：

**私塾教师回忆录**

《祁县文史资料》中收录了一篇乔家私塾教师梁柱三的回忆文章，特于此辑录几段。其一，民国十八年（1929），梁柱三被乔家聘为文史教师。执教期间年薪600大洋，而当时的白面才4分钱一斤，待遇之丰厚令人咋舌。其二，每年中秋节，映字辈十大少都要给教师送月饼，按定例每家20斤，还要用车送去。于是先生家里月饼堆积如山，只好四处送人。其三，乔家子女结婚，先生要例行随礼，但乔氏只收拜礼，并专门送上领谢帖表示对先生的感谢，其余全部退回。

◎图7-8一院私塾

◎图7-9 乔铁民结婚照
◎图7-10 乔家大院马车

早期在中堂聘请的是当地宿儒刘奋熙。刘当时尚未考取进士，性情耿直且架子很大。乔家对其奉若神明，连报酬二字都不敢提，生怕让刘觉得低人一等、辱没斯文，只能以各种办法暗中报答。日常开销、年节供奉自不必提，刘两次赴京赶考的费用都由乔家包办。后刘奋熙上榜外放贵州天柱县县令，成就了乔家教师荣升县太爷的乡间要闻，在中堂尊师重教的美誉也随之声名远播。伴随着子孙繁衍，老私塾日渐狭窄，乔家又在五院西侧修建了书房院以供使用。刘奋熙之子，祁县名医刘伟还曾于此执教，闲暇之余便与热衷医道的乔景俨切磋。

到乔映霞当家后，这位眼光与魄力均值得称道的洋大少自然不满足于延请单一的儒学教师。在他的主持之下，家中开设了文史、数理化等课程，新聘了三名教师，甚至还有一位外籍人士教授英语，同时传授有关体育运动的知识。当时不仅在中堂男子可以入学，本族其他房派的男子，甚至儿媳亦可前来。为开阔眼界，乔氏子弟在家中具备了私塾传授的中学知识后，尚可外出报考大学，乃至出国留学。这在当时的祁县可是开风气之先的破天荒举动。自此乔氏子弟大都外出求学，学成归来后的眼界与能力自不可同日而语。晚辈子孙自不必说，就是映字辈，后来都出了两位大学生。

重教必先尊师，乔家对此深得其味。在中堂延请的教师待遇均很优厚，民国时期年薪至少200大洋，比公立学校教师高出一倍以上，年节更有贺礼与红包相赠。每位教师的日常起居均有两个书童侍奉，一日三餐档次与主人相同，年节宴席均是上座首席。如教师外出、归家，均派车接送（图7-10)，且由家长带领学生拱手肃立路侧送迎。礼数之周，可谓无以复加。在中堂如此作为，自然是以其家族利益为根本出发点。首先，使教师心存感激，从而对乔氏子弟努力教授、倾心培养。其次，在子弟心目中树立了教师的至高地位，使教师便于约束。

## 家规族训严　福德绵延久

乔致庸早年倾心仕进，儒家经典烂熟于胸，其中的先贤教诲、历代兴亡想必令其感触极深。为革除豪门积弊，防止子孙沾染恶习、不求上进，乔致庸便于执掌在中堂期间定下了六不准家规。即不准吸毒、不准纳妾、不准虐仆、不准赌博、不准冶游（即嫖妓）、不准酗酒。

严禁吸毒、赌博、嫖妓这三条家规很好理解。黄、赌、毒历来有杀人三把刀之称，一旦沾染，最终难免家破人亡。酒是先人的伟大发明，少饮强身健体、益寿延年，沉溺其中则不免伤身败德，故严禁酗酒一条也合情合理。然而，严禁纳妾一条则颇为新奇。在封建时代，男人有个三妻四妾可是财富与地位的象征。如此司空见惯的行为，为何使乔致庸深恶痛绝，将其列为仅次于吸毒的恶行呢？这恰恰显示出其高瞻远瞩和深谋远虑。纳妾之弊众多。其一，子孙嫡庶不同、贵贱有别，日后难以和睦相处。其二，妻妾不合，不免争风吃醋惹出事端。其三，妻妾众多，难免深闺寂寞，一旦越轨则败坏门风，悔之晚矣。其四，子弟沉溺女色，必然亏损身体。为断绝纳妾之弊，乔致庸本人以身作则，虽前后娶妻六房，但均在前任谢世后方才续弦，成为倡导一夫一妻制的急先锋。在其约束与表率之下，在中堂子弟无一敢动纳妾的念头。即使妻子终身不育，也只能由同族兄弟中过继。

◎图7-11 乔氏女眷旧照

　　禁止虐仆一条，同样反映了乔致庸的长远眼光。封建社会主贵仆贱，主人打骂乃至虐待仆役是常有之事。但乔致庸的观点是仆人知错改错即可，不堪留用则打发出门，不可结仇留恨。这样既融洽了主仆关系，又杜绝了子弟的骄横跋扈，更培养了其为人处事的谦和态度，对在中堂商业活动的拓展大有益处。在乔家，仆人虽为下人，但待遇相当不错。优厚的工钱自不必说，年节还要分发米、面、油、肉、柴、炭。仆役老病，愿回乡者发给养老金，不愿回乡者安排在村中养老。仆人家中遭逢不测，乔家都会大力相帮，助其渡过难关。故此，乔家百余年间几乎没有重大的主仆争端，可谓和谐典范。在仆役选择上，乔致庸也有独到的见解。乔家大院所有的女性仆役均在已婚的中老年妇女中挑选，而不考虑少女，目的就是为了防止男主人与年轻女仆之间发生不轨之事。在乔致庸看来，年轻女仆难免会引诱子弟沉溺女色，绝非善事。当生米煮成熟饭时，如主仆成亲，则女方家境贫寒、无利可图；如遣送出门，则必定会因玩弄女性而留下骂名。与其如此，不如坚决禁止。

除六条家规外，乔致庸还以《朱子家训》为本，精心教导儿孙。如果犯错，乔致庸就会责令其跪地背诵，直到承认错误、磕头谢罪。他还时常教育儿孙不得"骄、贪、懒"，告诫他们"唯无私才可大公，唯大公才可大器"，"气忌躁、言忌浮、才忌露、学忌满、知欲圆、行欲方"，"待人要丰，自奉要约"。同时，乔致庸把这些格言刻成匾额悬挂于院内各处，让子孙们可以随时看到，以警视自省。在乔氏后代的回忆中，乔家的家规很严。如第七代乔燕和回忆道："我从小接受的教育是不许浪费，不许在碗里剩下米粒。大人们还吓唬说，女孩子如果把米粒剩在碗里，将来就会找一个'麻子脸'的丈夫。"如今，乔家已传至第九、十代，其后人大多是公职人员，对教育仍然十分重视。乔家的生意结束了，但诚信自律的精神却一代代传承了下来。

扩展阅读：

**乔家唯一的虐仆致死事件**

民国初年，乔家一女仆不堪主人虐待而上吊自尽，成为轰动一时的大新闻。究其原因，乃主人吸毒所致。此女仆为乔映南之妻曹氏的陪房。曹氏常年吸毒，脾气古怪，动辄欺辱下人。作为其贴身仆人，自然首当其冲。经年累月，女仆终于不堪忍受，走上了绝路。虽然此事经乔家破财也就消了灾，却成为家族衰败的征兆。当时乔致庸已死，子孙日渐腐化奢靡，在中堂的土崩瓦解也就近在眼前了。

# 旷世豪商的终极享受

人生不能像做菜，把所有的料都准备好了才下锅。

——《饮食男女》，李安执导，1994年

饮食男女，人之大欲存焉。

——《礼记》，孔子，先秦时期

饮食男女，提起这四个字，很多人也许会想到李安的那部经典电影。至于当年孔老夫子的话，反倒未必有几个人记得。其实那句经典台词向我们展示了人生的变化与无奈，孔老夫子则将生活提纯到了极致。正所谓芥子纳须弥，无论帝王将相还是贩夫走卒，无论路途坎坷抑或一帆风顺，人生都脱不出这四个字，乔家自然也不例外。那么在家资亿万、一夫一妻的乔家，其饮食起居又有何可观之处呢？

## 八碟八碗三大台 各路美食摆出来

祁县历来民风简朴，饮食多以谷物粗粮为主，大部分农户一年到头白面也难得吃到几次，肉食就更是稀罕之极了。然而自清代中叶以来，伴随着商贸的发展，豪商巨贾层出不穷，奢靡之风日盛，各地高档饮食不断引入祁县，形成了当地独具特色的菜系。作为祁县豪商之一的乔家，早期饮食非常质朴，几乎与农人无异。民间至今还流传着乔致庸不舍得买一条鲜黄瓜吃，以及饭后漱口，漱口水都要咽下的节俭轶事。但承平日久，难免靡费。乔家在乔致庸之后各类消费花样翻新，无奇不有。在饮食方面，也代表了祁县乃至山西境内的最高水准。

宴席在祁县俗称席面,按菜肴多寡分为不同的档次。最高档的称为三大台,意即菜品共64种,每种一盘,全部摆出来要占满三个大桌台。这些菜以四件为一组,内容囊括各路飞禽走兽、海陆时鲜。依照新版《祁县志》的记载,具体为——四海味:虾仁、琼菜、龙爪、海蜇;四冷荤:野鸡爪、野鸡丝、焖干肉、排骨;四干果:门冬、瓜条、佛手片、细白干;四水果:以时鲜为主;四腰饭:螺蛳合、燕窝酥、列丝酥、水仙酥;四炒:爆羊肉、炒腰花、芙蓉鸡片、鱿鱼卷、过油肉、炒里脊中任选;四烩:百合、莲子、银耳、燕窝;四中碗:酿白菜、酿茄子、酿米、鹌鹑茄子、丸子、酱羊肉、羊肉胡萝卜、金银酥、八宝粥、嫩鸡等,视季节而定;四海碗:荤炖、肘子、喇嘛肉、烧肉;四盘:烧干贝、扒海参、烧翅子、挂炉鸡、茄夹子、豆腐夹子;四炉食:四种炉烤点心;四油食:面制油烹之鱼、猪头、枣花、翘天翅;四蒸食:荷叶饼、佛手、糖三角、千层饼;四盘馒头;四瓯大米;四小碗汤:瓜仁、紫菜、黛丝、江瑶珠。如此众多的菜肴不要说吃,看着都眼花缭乱了。顺口一念,俨然就成了著名传统相声——报菜名。但这也只是个基础,碰到特殊场合,还要再加二十四卡盘,也就是二十四种煎炒烹炸的风味菜肴。如此一来,就有近百道菜,真是丰盛之极。其中由祁县城内存仁堂糕点铺特制的雪莲酥,只供在中堂一家,根本不上市出售。

◎图7-12 祁县特色"八碟八碗"

较三大台略低一个档次的宴席称为八碟八碗(图7-12)。八碗可直接取用三大台中的四中碗和四海碗,八碟则为各类凉菜。在八碟八碗之上还可附加其他菜肴,形成更高的规格。如增加以鸡、鸭、鱼为主料的三鲜盆后,就成了八碗加三鲜。

◎图7-13 铭贤中学同学旧照

扩展阅读:

### 乔家奇特的进餐规矩

在中堂分家之前,乔家的进餐规矩颇为有趣。其厨房分为内厨和外厨,女眷于内厨用餐,成年男子则在外厨用餐。开饭以鸣锣为号。锣声响起,男性依次进入饭厅,穿上一种称为罩衣的深蓝色专用大袍,按长幼之序坐好,仆人这才端上饭菜。乍一看,这不像豪商之家在摆盛宴,倒像是寺院里的僧人在进斋饭。到后期,乔氏子孙日渐奢靡,饮食花样翻新,这种带有公共大食堂意味的模式自然也就无疾而终了。

乔家后期还引入了北京的满汉全席做法,使全部菜肴达到180件以上,是三大台的三倍。其中各类珍稀野味,尤其是内陆难得一见的鱼翅、鲍鱼、海参、对虾、螃蟹等海鲜占了很大比例。由于此宴实在太过奢靡,只在重要场合偶尔为之。如民国十八年(1929)年终,各路掌柜齐聚乔家堡,东家的犒劳宴就丰盛异常,甚至让见多识广的掌柜们都发出"吃了东家饭,不枉人世活一场"的感叹!

三大台和八大碗均以祁县当地的口味为主。碰到特殊情况,乔家还会不惜工本另想高招。1933年7月,在中堂当家人乔映奎为攀附名流,利用太谷铭贤中学年度毕业典礼的机会,邀请到学校创始人、时任国民政府财政部长的孔祥熙来乔家堡做客。为照顾孔祥熙的口味,乔映奎自省城太原甚至京津地区重金延揽中西名厨,提前三天便开始备菜。当时乔家尚无冰箱,备料完毕只能吊在水井中保鲜。虽然孔祥熙只

在乔家停留了短短两个小时，但当年的盛况至今仍为故老所
津津乐道。

# 九龙宫灯犀牛镜　乔家珍宝数不清

在中堂辉煌百年，豪富冠绝乡里，家中珍宝自然数不胜
数。可惜岁月流转，绝大部分都已流失。自博物馆成立以来，
通过大力搜集，各类奇珍异宝再次齐聚大院，累计已达4000
件之多。目前馆内展出的藏品中，与在中堂关系密切、又最
具特色的首推九龙灯、犀牛望月镜和万人球。

九龙灯，馆藏两盏，高约一米，硬木材质，通体黑红（图
7-14）。此灯最大的特点是其构造形式。全灯由上、下两层框
架及中部的灯体构成。上、下框架均为木制，每层雕云龙四
条，上短下长，均十字交叉，龙身向内，龙头向外。下部四
条龙头上为蜡座，可安放蜡烛。在龙颈位置还安置有一个活
动关节，通过调节，可使龙头在水平面内随意旋转。此处奇
思妙想可谓巧夺天工，目的是通过调整龙头的方向灵活改变
光照的位置，需强则强，需弱则弱。在下部四龙的十字交叉
处还有一龙头探出，做蛟龙探海状，同样可四向转动。中部
的灯体为八块水银玻璃组成的八棱柱，其中四块绘有精美的
山水画，四块则为闪亮的镜面。当灯点燃后，九龙通过灯体
的反射宛若飞腾在云雾光影中，一时间流光溢彩，足以令人
目眩神迷。

犀牛望月镜为乔家的另一件珍宝，整体由镜面、镜框、镜
托、犀牛、底座五部分构成（图7-15）。镜框由六段拼接而
成，形态圆润丰满。镜托为高浮雕祥云瑞霭，自牛背冉冉升

◎图7-14 乔家大院的九龙灯
◎图7-15 乔家大院的犀牛望月镜

◎图7-16乔家大院的万人球

起，在镜框下汇聚上延，很自然地托起镜面，表现手法生动活泼，极具创造力。牛体安卧，牛头回望，仿佛仰观明月，犀牛望月镜遂由此得名。底座为高浮雕土石，表示犀牛卧于地面，寓意平安。整个宝镜雕工精致、用材考究，是一件难得的清代艺术精品。

万人球类似故宫太和殿的轩辕镜，实际上就是一个内镀水银的玻璃球（图7-16）。借助球面反射，可将屋内每个角落都纳入球中。立于其下，屋里即使有一万个人也能尽收眼底，每个人的动向在球面上也都一清二楚。当年此物除装饰屋宇、增加光亮外，最重要的则在于秘密监控。在商业谈判时，若逢机秘要事，居中而坐的主人可以方便地观察室内状况。一方面可以轻易掌握对方的手势、暗号，另一方面也可防止闲杂人等的窥视。由此可见，乔家真是样样追赶帝王，就连"监控探头"的设置也不落后。

扩展阅读：

**乔家大院的文物收藏**

据《乔家大院民俗博物馆志》记载，博物馆目前展出各类文物4000余件，其中珍贵文物179件。古字画500余件，包括仇英、陈洪绶、王铎、傅山、刘墉等历代名家之作，多系珍品。此外，亦不乏古陶瓷、家具、文玩器物等精品。

## 参考文献

马炳坚．北京四合院建筑．天津：天津大学出版社，1999.

马炳坚．中国古建筑木作营造技术．北京：科学出版社，2003.

蒋广全．中国清代官式建筑彩画技术．北京：中国建筑工业出版社，2005.

刘大可．中国古建筑瓦石营法．北京：中国建筑工业出版社，1993.

梁思成．《营造法式》注释．北京：中国建筑工业出版社，1983.

张昕，陈捷．画说王家大院．太原：山西经济出版社，2007.

张昕．晋系风土建筑彩画研究．南京：东南大学出版社，2008.

王其亨．风水理论研究．天津：天津大学出版社，1992.

程建军，孔尚朴．风水与建筑．南昌：江西科学技术出版社，1992.（年份有待考证）

张正明．晋商与经营文化．上海：世界图书出版公司，1998.

王正前．乔家大院民俗博物馆志．太原：山西人民出版社，2006.

祁县地方志编纂委员会．祁县志．北京：中华书局，1999.

李友忠，国家历史文化名城研究中心，祁县城乡建设局，等．祁县．北京：中国铁道出版社，2006.

谭其骧．中国历史地图集．北京：中国地图出版社，1982.

曹煜．祁县老照片．太原：山西人民出版社，2004.

王正前．乔家大院匾额楹联集锦．太原：山西人民出版社，2005.

温幸，薛麦喜．山西民俗．太原：山西人民出版社，1991.

安锦才．乔家大院．太原：山西经济出版社，1999.

郝汝椿．晋商巨族二百年．天津：百花文艺出版社，1995.

胡维标．中国古皇宫．北京：大众文艺出版社，1997.

孙机．汉代物质文化资料图说．北京：文物出版社，1991.

天津大学建筑工程系．清代内廷宫苑．天津：天津大学出版社，1986.

# 后 记

岁月流转，自《画说王家大院》一书问世至今，已是六载光阴。其间南雁北归，愚夫妇也从浦江之滨来到了皇城根下。变化的是年齿与周遭，不变的却依旧是那份对建筑文化遗产的热爱与执著。承蒙山西经济出版社董利斌先生不弃，委以《画说乔家大院》的濡墨大任。惶恐之间虽勉力应承，无奈数年来琐事缠身，始终不能如愿。而今得以付梓，释然之际亦不禁惴惴。一家之言，冒昧之语，还望方家斧正。

值此煞笔之际，特别感谢山西祁县民俗博物馆对本书写作的鼎力支持，同时向提供图片资料的北京晋商博物馆、兰广文先生、郭韶娟女士及参考文献中所列各位同仁致以诚挚谢意。

书中使用的个别图片至本书出版时仍未能联系到相关作者，深表歉意。敬请图片所有者与我们联系，出版社将按相关规定支付稿酬。

陈捷 张昕
于二零一三年端阳